Informationstheorie

Diskrete Modelle und Verfahren

Von Prof. Dr. rer. nat. Rudolf Mathar
RWTH Aachen

Springer Fachmedien Wiesbaden GmbH 1996

Univ.- Professor Dr. rer. nat. Rudolf Mathar

Geboren 1952 in Kalterherberg. Studium der Mathematik von 1972 bis 1978, Promotion 1981 und Habilitation 1985 an der RWTH Aachen. 1986/87 Dozent an der European Business School (Oestrich). Von 1987 bis 1989 wiss. Mitarbeiter und Privatdozent an der Universität Augsburg. Seit 1989 Professor für Stochastik, insbesondere Anwendungen in der Informatik, an der RWTH Aachen. 1994/95 Gastaufenthalt am Dept. of Computer Science, University of Canterbury, New Zealand.

Die Deutsche Bibliothek – CIP-Einheitsaufnahme

Mathar, Rudolf:
Informationstheorie : diskrete Modelle und Verfahren / von
Rudolf Mathar.

ISBN 978-3-519-02574-0   ISBN 978-3-322-84818-5 (eBok)
DOI 10.1007/978-3-322-84818-5

Vorwort

Das vorliegende Buch ist aus Vorlesungen entstanden, die ich an der Universität Augsburg und der RWTH Aachen gehalten habe. Aus der Fülle des vorliegenden Materials im Bereich der Informationstheorie sind in vier Kapiteln wichtige Begriffsbildungen und Ergebnisse zusammengestellt. Ausgangspunkt ist der von Shannon geprägte Begriff der Entropie. Er ermöglicht die theoretischen Untersuchungen zur Kodierung diskreter Quellen und die abstrakte Bewertung der Übertragungsgüte von diskreten Kanälen. Den Abschluß bildet ein Kapitel über fehlerkorrigierende Kodes. Diese sehr kurze Einführung in die Kodierungstheorie scheint mir wichtig, um wenigstens einige Konzepte und Verfahren zur Konstruktion fehlerkorrigierender Kodes mit kleiner Irrtumswahrscheinlichkeit bereitzustellen, deren Existenz durch den Shannonschen Fundamentalsatz gesichert wird. Wegen ihres hohen Datendurchsatzes und der effizienten Implementierbarkeit sind hierbei die Faltungskodierer mit ihrer Trellis-Darstellung und dem Viterbi-Algorithmus zur Dekodierung besonders behandelnswert.

Nach meiner Erfahrung deckt der Stoff eine vierstündige einführende Vorlesung über Informationstheorie ab, bei der die konstruktive Kodierungstheorie allerdings nur kurz angeschnitten wird. Zum Abschluß jedes Kapitels finden sich Übungsaufgaben, die nach Studium des zugehörigen Stoffs ohne weitere Hilfsmittel gelöst werden können. Insofern eignet sich das vorliegende Buch sowohl als Begleitmaterial zu einer Vorlesung als auch zum Selbststudium. Im Text sind parallel zu den deutschen Fachbegriffen auch die englischen eingeführt, sofern sie sich nicht nur leicht in der Schreibweise unterscheiden. Diese finden sich auch im Index wieder. Ich möchte hiermit Anfängern den Einstieg in die englische Literatur erleichtern.

Wichtige Konzepte zur Modellierung von Nachrichtenquellen und Übertragungskanälen stammen aus der Wahrscheinlichkeitstheorie. Für den vorliegenden Text reichen in den meisten Fällen diskrete Wahrscheinlichkeitsverteilungen aus. Die wichtigsten Definitionen und Sätze werden in einem

4

einführenden Kapitel bereitgestellt. Dieser Abschnitt ist allerdings nur als kurze Wiederholung gedacht, eine gründliche Erarbeitung des Stoffs sollte in einführenden Vorlesungen oder Büchern über "Stochastik" erfolgen.

Ich hoffe, mit dem vorliegenden Buch eine Stoffauswahl anzubieten, die Informatikern, Mathematikern und auch an Grundlagen interessierten Elektrotechnikern eine gründliche Einführung in diskrete Modelle der Informationstheorie ermöglicht. Auf Exaktheit und Motivation der eingeführten Begriffe wird hierbei besonderer Wert gelegt.

Dr. Gerd Brücks und Dr. Rolf Hager haben durch gewissenhaftes Durchsehen von Vorgängerversionen des Manuskripts einige Unklarheiten und Schreibfehler in der endgültigen Fassung verhindert, wofür ich ihnen herzlich danke. Weiterhin möchte ich Dr. Jürgen Mattfeldt und Dr. Thomas Niessen danken, die einige interessante Übungsaufgaben beigesteuert und durch ihre Kritik zur Verbesserung des Manuskripts beigetragen haben. Herrn Dipl.-Math. Jaakob Kind danke ich für das sorgfältige Korrekturlesen und die Beseitigung einiger Druckfehler in der endgültigen Fassung.

Aachen, im Juli 1996   Rudolf Mathar

Inhalt

1 Einleitung

Mit dem Schlagwort 'Informationszeitalter' wird die Wirkung der wichtigsten Ressource der heutigen Zeit charakterisiert. In der Tat scheint es so zu sein, daß der leichte Zugang zu vielfältigen Informationen den wissenschaftlichen Fortschritt zumindest in technischen Bereichen erheblich beschleunigt. Natürlich ist 'Information' ein weitspannender Begriff, dessen Bedeutung nur aus dem jeweiligen Kontext hervorgeht. Informationstheorie behandelt nicht den Inhalt oder die Bedeutung von 'Informationen', sondern Systeme, Modelle und Methoden zur Beschreibung der Entstehung und Übermittlung von Daten.

Informationsübertragende Systeme lassen sich nach ihrer Funktionsweise in analoge und digitale unterscheiden. Beispiele für analoge, kontinuierliche Informationsübertragung sind Radio, Fernsehen, Schallplatten, Telefon und motorische Reize auf Nervenbahnen bei biologischen Systemen. Digitale, diskrete Übertragung findet zum Beispiel bei Compact Discs, Digital Audio Tapes, Computernetzwerken, digitaler Sprach- und Datenübertragung beim Mobilfunk und bei digitaler Bildübertragung auf Satellitenkanälen statt. Bei einigen dieser Beispiele können die Grenzen jedoch nicht scharf gezogen werden, da moderne Kommunikationssysteme wegen der besseren Qualität, den effizienteren Fehlerkorrekturverfahren und der leichteren Implementierbarkeit zunehmend auf digitaler Übertragungstechnik basieren.

Wir werden uns mit diskreten Systemen bei der Erzeugung und Übertragung von Signalen beschäftigen. Typischerweise hat man bei solchen Systemen eine Quelle, die zu diskreten Zeitpunkten Nachrichten oder Signale aussendet. Diese Signale werden durch einen Quellenkodierer komprimiert. Für Ausgabeblöcke von Buchstaben des Quellenkodierers stellt der Kanalkodierer dann eine Menge von Kodewörtern bereit, die fehlerrobust über einen gestörten Kanal übertragen werden können. Nach Übertragung wird dieser Vorgang wieder umgekehrt. Zunächst dekodiert der Kanaldekodierer in die ursprünglichen Blöcke, die der Quellendekodierer beim Ziel in der dort lesbaren Form abliefert.

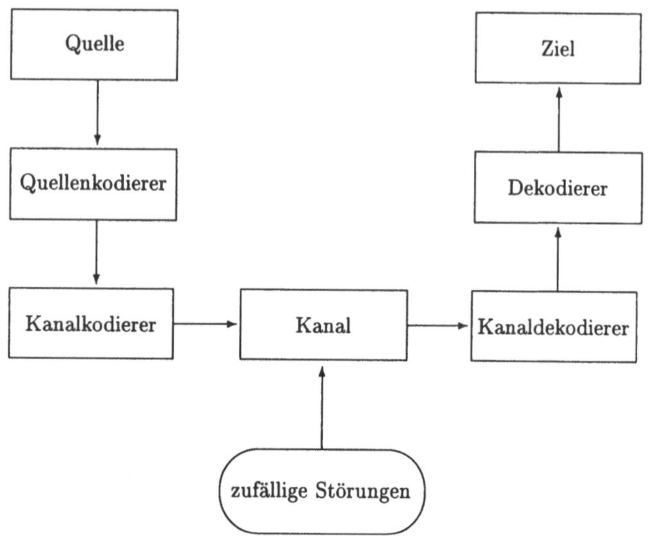

Abb. 1.1 Das Modell der Informationsübertragung

Zwei verschiedene Zielsetzungen der Kodierung kristallisieren sich bei diesem Prozeß heraus. Im Quellenkodierer lautet die Aufgabe, durch Entfernen von Redundanz Information zu verdichten, um mit möglichst wenig Aufwand die angebotenen Quellwörter übertragen zu können. Der Kanalkodierer hat zum Ziel, einen Kode bereitzustellen, dessen Kodewörter auch nach Übertragung im gestörten Kanal trotz des Auftretens von Fehlern noch identifiziert werden können. Hier wird gezielt wieder Redundanz hinzugefügt, allerdings so, daß mit den überflüssigen Bits eine möglichst große Zahl von Übertragungsfehlern korrigiert werden kann. Ist die Quelle zum Beispiel ein Terminal, das Buchstaben im ASCII-Kode erzeugt, könnte als Quellenkodierer eines der bekannten Datenkompressionsprogramme verwendet werden. Ein Faltungskodierer würde Blöcke des komprimierten Files mit Redundanzbits zur eventuellen Fehlerkorrektur versehen. Diese vor Fehlern geschützte Information wird übertragen, beim Empfänger dekodiert und wieder dekomprimiert. Abbildung 1.1 zeigt den Ablauf der Übertragung als Blockschaltbild.

Die Aufgabe lautet nun, geeignete mathematische Modelle zu finden, die die einzelnen Komponenten und ihr Zusammenwirken beschreiben. Häufig werden dazu stochastische Modelle benutzt, insbesondere dann, wenn zufällige Einflüsse wirken. Zufall kommt zum Beispiel ins Spiel, wenn nur eine Wahrscheinlichkeitsverteilung der ausgesendeten Signale bekannt ist (etwa die Verteilung der Zeichen des lateinischen Alphabets in einem deutschen Text) oder zufällige Störungen von Signalen bei der Übertragung im Kanal (Rauschen) auftreten.

Hauptanliegen dieses Textes sind mathematische Modelle von Kommunikationssystemen. Diese orientieren sich unmittelbar an den physikalischen Systemen, die Daten erzeugen oder übertragen. Stochastische Modelle und Methoden sind besonders geeignet, um die Zufallsphänomene bei der Entstehung und Übertragung der Daten zu beschreiben. Dies war der Startpunkt der Theorie, die C. E. Shannon mit seinem 1948 veröffentlichten Aufsatz "A mathematical theory of communication" (siehe [33] oder [34]) begründet hat. Das Hauptaugenmerk lag zunächst auf der funktionellen Beschreibung von Kodierern im Rahmen der Stochastik und Nachweisen ihrer Existenz bzw. Nichtexistenz unter bestimmten Qualitätsanforderungen. Später hinzugekommen sind Anwendungen in der Kryptologie, für die Unsicherheit und Redundanz zur abstrakten Messung von Sicherheit eine zentrale Rolle spielen. Wichtige Auswirkungen hat die Theorie auch auf die Entwicklung von fehlerkorrigierenden Kodes, die Untersuchungsgegenstand der Kodierungstheorie sind.

Die Informationstheorie hat sich weiterhin schwunghaft entwickelt. Sie hat sich je nach Setzung der Schwerpunkte

- als Bereich der Wahrscheinlichkeitstheorie, insbesondere bei ergodischen Prozessen, und mit modifizierten Konzepten auch in der Statistik etabliert (siehe [4], [22]),

- auf der algebraischen Seite zu konstruktiven Methoden in der Kodierungstheorie geführt (siehe [16], [30], [37]),

- für die Kryptologie grundlegende Konzepte bereitgestellt (siehe [36]), und

- sie beschäftigt sich auf der angewandten Seite mit Komplexitätsuntersuchungen und Implementierungsfragen (siehe [2], [7]).

Der Text beginnt mit einem einführenden Kapitel in die stochastischen Grundlagen, das eher zur Festlegung der forthin verwendeten Notation als zur Erarbeitung des Stoffs gedacht ist. Anschließend wird das Blockschaltbild aus Abbildung 1.1 stufenweise mit Leben erfüllt. Zur Charakterisierung des stochastischen Verhaltens von Quellen wird in Kapitel 3 die Entropie mit ihren vielfältigen Eigenschaften eingeführt. Datenkompression und optimale Kodierung sind die Ziele des Quellenkodierers in Kapitel 4. Die anschließende Übertragung in gestörten Kanälen wird in Kapitel 5 behandelt. Algebraische und algorithmische Aspekte treten in den Vordergrund, wenn in Kapitel 6 Kodes entwickelt werden, die Fehler korrigieren können.

Mit dem Zeichen ∎ wird durchgehend das Ende von Beweisen und Beispielen markiert.

2 Stochastische Grundlagen

In den nachfolgenden Abschnitten werden grundlegende Kenntnisse der Wahrscheinlichkeitstheorie als bekannt vorausgesetzt. Insbesondere sollten diskrete Zufallsvariable und Folgen von Zufallsvariablen, der Erwartungswert diskreter Zufallsvariablen und elementare bedingte Verteilungen bekannt sein. Wir benötigen weiterhin das Gesetz großer Zahlen, den Begriff einer stationären Folge von Zufallsvariablen sowie einige elementare Sachverhalte zu Markoff-Ketten.

Die zugehörigen Definitionen werden im folgenden Überblick zusammengestellt. Dieses Kapitel dient eher dazu, durch kurzes Nachlesen die dargestellten Begriffe zu wiederholen, als zu einer Erarbeitung der Materie. Eine gründliche Behandlung des Stoffs findet sich zum Beispiel in [24].

2.1 Zufallsvariable und ihre Verteilung

Zufallsvariable sind ein bequemes Hilfsmittel, um nicht deterministisch vorhersagbare Ergebnisse zu beschreiben. Die genaue Kenntnis des Wahrscheinlichkeitsraums, auf dem eine Zufallsvariable definiert ist, ist meist nicht von Interesse, von Bedeutung ist oft nur seine Existenz. Ungleich wichtiger in stochastischen Modellen ist die Verteilung von Zufallsvariablen, die in der folgenden Definition eingeführt wird.

Definition 2.1. *(Zufallsvariable)*
Seien $(\Omega, \mathcal{A}, P)$ ein Wahrscheinlichkeitsraum und $(\mathcal{X}, \mathcal{B})$ ein Meßraum. Eine Abbildung $X : \Omega \to \mathcal{X}$ heißt Zufallsvariable (ZV), wenn

$$X^{-1}(B) \in \mathcal{A} \quad \text{für alle } B \in \mathcal{B}. \tag{2.1}$$

Bedingung (2.1) heißt Meßbarkeit der Zufallsvariablen X. Für Zufallsvariable ist für alle $B \in \mathcal{B}$ wohldefiniert

$$P^X(B) = P(X^{-1}(B)) = P(\{\omega \in \Omega \mid X(\omega) \in B\}) = P(X \in B).$$

P^X ist eine Wahrscheinlichkeitsverteilung auf $(\mathcal{X}, \mathcal{B})$, sie heißt Verteilung der Zufallsvariablen X.

Um hervorzuheben, daß eine Zufallsvariable X Abbildung von Ω nach $\mathcal{X}$ und zusätzlich meßbar ist, wird die Notation $X : (\Omega, \mathcal{A}) \to (\mathcal{X}, \mathcal{B})$ benutzt.

Definition 2.2. *(diskrete Zufallsvariable)*
Eine Zufallsvariable X heißt diskret, wenn eine höchstens abzählbare Menge $\mathcal{T}$ existiert mit $P^X(\mathcal{T}) = P(X \in \mathcal{T}) = 1$. $\mathcal{T} = \mathcal{T}_X$ heißt Träger von X bzw. von P^X.

Besitzt eine Zufallsvariable X die Verteilung P^X, so schreiben wir $X \sim P^X$. Ist die Verteilung von X diskret mit $P(X = x_i) = p_i$, $i = 1, \ldots, m$, und ist $\boldsymbol{p} = (p_1, \ldots, p_m)$ der zugehörige stochastische Vektor, so bedeutet $X \sim \boldsymbol{p}$, daß X die durch $\boldsymbol{p}$ beschriebene Verteilung besitzt.

Satz 2.1. *(gemeinsame Verteilung, Zufallsvektoren)*
Seien $X_1, \ldots, X_n$ Zufallsvariable, definiert auf einem Wahrscheinlichkeitsraum $(\Omega, \mathcal{A}, P)$, X_i jeweils mit Werten in Meßräumen $(\mathcal{X}_i, \mathcal{B}_i)$. Seien $\mathcal{X} = \times_{i=1}^n \mathcal{X}_i$ und $\mathcal{B} = \bigotimes_{i=1}^n \mathcal{B}_i$ die Produkt-σ-Algebra. Die gemeinsame Verteilung $P^{\boldsymbol{X}} = P^{(X_1, \ldots, X_n)}$ des Zufallsvektors $\boldsymbol{X} = (X_1, \ldots, X_n)$ auf $(\mathcal{X}, \mathcal{B})$ ist bereits eindeutig bestimmt durch

$$P^{\boldsymbol{X}}(B_1 \times \cdots \times B_n) = P(X_1 \in B_1, \ldots, X_n \in B_n)$$

für alle $B_i \in \mathcal{B}_i$, $i = 1, \ldots, n$.

Analog zu obigem bedeutet $\boldsymbol{X} \sim P^{\boldsymbol{X}}$, daß der Zufallsvektor $\boldsymbol{X}$ die Verteilung $P^{\boldsymbol{X}}$ besitzt.

Satz 2.2. *(Folgen von Zufallsvariablen)*
Sei $\{X_n\}_{n \in \mathbb{N}}$ eine Folge von Zufallsvariablen auf einem Wahrscheinlichkeitsraum $(\Omega, \mathcal{A}, P)$, X_n jeweils mit Werten in Meßräumen $(\mathcal{X}_n, \mathcal{B}_n)$. Seien $\mathcal{X} = \times_{i=1}^{\infty} \mathcal{X}_i$ und $\mathcal{B} = \bigotimes_{i=1}^{\infty} \mathcal{B}_i$ die Produkt-σ-Algebra. Die gemeinsame Verteilung $P^{\{X_n\}}$ der Folge auf $(\mathcal{X}, \mathcal{B})$ ist eindeutig bestimmt durch

$$P^{\{X_m\}}(B_1 \times \cdots \times B_n \times \mathcal{X}_{n+1} \times \cdots) = P^{(X_1, \ldots, X_n)}(B_1 \times \ldots \times B_n)$$
$$= P(X_1 \in B_1, \ldots, X_n \in B_n)$$

für alle $n \in \mathbb{N}$, $B_i \in \mathcal{B}_i$, $i = 1, \ldots, n$. $P^{\{X_n\}}$ wird also bereits durch die endlich-dimensionalen Randverteilungen eindeutig definiert.

Definition 2.3. *(stochastische Unabhängigkeit)*
Zufallsvariable $X_1, \ldots, X_n$ heißen stochastisch unabhängig (s.u.), wenn

$$P^{(X_1,\ldots,X_n)}(B_1 \times \cdots \times B_n) = P^{X_1}(B_1) \cdots P^{X_n}(B_n)$$

für alle $B_i \in \mathcal{B}_i$ oder äquivalent

$$P(X_1 \in B_1, \ldots, X_n \in B_n) = P(X_1 \in B_1) \cdots P(X_n \in B_n)$$

für alle $B_i \in \mathcal{B}_i$.
*Eine Folge von Zufallsvariablen $\{X_n\}_{n \in \mathbb{N}}$ heißt stochastisch unabhängig,
wenn die Zufallsvariablen $X_1, \ldots X_n$ für alle $n \in \mathbb{N}$ stochastisch unabhängig
sind.*

Für diskrete Zufallsvariable vereinfacht sich Definition 2.3 auf die folgende
Beziehung.

Lemma 2.1. *Seien $X_1, \ldots, X_n$ diskret mit Trägern $\mathcal{T}_1, \ldots, \mathcal{T}_n$. $X_1, \ldots, X_n$
sind stochastisch unabhängig genau dann, wenn*

$$P(X_1 = x_1, \ldots, X_n = x_n) = P(X_1 = x_1) \cdots P(X_n = x_n)$$

für alle $x_i \in \mathcal{T}_i$, $1 \leq i \leq n$.

Stochastische Unabhängigkeit von Zufallsvariablen ist also äquivalent zur
stochastischen Unabhängigkeit der Ereignisse $\{X_1 \in B_1\}, \ldots, \{X_n \in B_n\}$ im
Wahrscheinlichkeitsraum $(\Omega, \mathcal{A}, P)$ für alle $B_i \in \mathcal{B}_i$ im Sinn der bekannten
Durchschnitts-Produkt-Beziehung.

Das folgende Lemma gestattet die Überprüfung der stochastischen Unabhängigkeit induktiv jeweils durch Anhängen einer weiteren unabhängigen
Zufallsvariablen an einen Vektor aus stochastisch unabhängigen Komponenten.

Lemma 2.2. *Zufallsvariable $X_1, \ldots, X_n$ sind stochastisch unabhängig genau dann, wenn $(X_1, \ldots, X_j)$ und X_{j+1} stochastisch unabhängig sind für
alle $j = 1, \ldots, n-1$.*

Stochastische Unabhängigkeit der gesendeten Buchstaben ist für viele Quellen zu restriktiv. In natürlichen Sprachen bestehen offensichtlich Abhängigkeiten zwischen aufeinanderfolgenden Buchstaben. Ein adäquates Modell sind stationäre Folgen von Zufallsvariablen, bei denen die Invarianz aller endlich-dimensionalen Randverteilungen gegen eine Verschiebung des Indexbereichs gefordert wird. Interpretiert man die Indizes als Zeitparameter, ergibt sich die zeitliche Invarianz des stochastischen Verhalten der Quelle, d.h. die Wahrscheinlichkeit für das Auftreten einer bestimmten Buchstabensequenz ab der Zeit $n = 0$ ist dieselbe wie ab jeder anderen Zeit $n > 0$.

Definition 2.4. *(Stationarität)*
Eine Folge von Zufallsvariablen $\{X_n\}_{n \in \mathbb{N}}$ heißt stationär, wenn

$$P^{(X_{i_1}, \dots, X_{i_n})} = P^{(X_{i_1 + s}, \dots, X_{i_n + s})}$$

für alle $1 \le i_1 < i_2 < \dots < i_n,\ s \in \mathbb{N}$.

Erwartungswerte und bedingte Verteilungen können für Zufallsvariable mit höchstens abzählbarem Wertebereich elementar erklärt werden. Die folgenden Definitionen beziehen sich nur auf diesen Fall.

Definition 2.5. *(Erwartungswert diskreter Zufallsvariablen)*
Sei X eine diskrete Zufallsvariable mit höchstens abzählbarem Träger $\mathcal{T} = \{t_1, t_2, \dots\} \subset \mathbb{R}$. Falls $\sum_{i=1}^{\infty} |t_i| P(X = t_i) < \infty$, heißt

$$\mathrm{E}(X) = \sum_{i=1}^{\infty} t_i\, P(X = t_i) \tag{2.2}$$

Erwartungswert von X.

Bei Hintereinanderausführung einer diskreten Zufallsvariablen X und einer reellwertigen, meßbaren Abbildung h, also $(\Omega, \mathcal{A}, P) \xrightarrow{X} (\mathcal{X}, \mathcal{B}) \xrightarrow{h} \mathbb{R}$, läßt sich der Erwartungswert wie folgt berechnen. Falls $\sum_{i=1}^{\infty} |h(t_i)|\, P(X = t_i) < \infty$ ist, gilt

$$\mathrm{E}\big(h(X)\big) = \sum_{i=1}^{\infty} h(t_i) P(X = t_i).$$

Definition 2.6. *(bedingte Verteilung)*
Seien X, Y diskrete Zufallsvariable auf einem Wahrscheinlichkeitsraum $(\Omega, \mathcal{A}, P)$. Durch

$$P(X = x \mid Y = y) = \begin{cases} \frac{P(X=x, Y=y)}{P(Y=y)}, \text{ falls } P(Y=y) > 0 \\ P(X=x), \text{ falls } P(Y=y) = 0 \end{cases}, \; x \in \mathcal{T}_X,$$

wird die bedingte Verteilung von X unter (der Hypothese) $\{Y = y\}$ definiert.

Offensichtlich gilt für alle $x \in \mathcal{T}_X$, daß

$$P(X = x) = \sum_{y \in \mathcal{T}_Y} P(X = x \mid Y = y)\, P(Y = y),$$

unabhängig von der speziellen Festsetzung der bedingten Verteilung im Fall $P(Y = y) = 0$ in Definition 2.6. Ist $P(Y = y) = 0$, kann die bedingte Verteilung beliebig gewählt werden, ohne daß dies Einfluß auf die Berechnung der Verteilung von X mit obiger Formel hätte.

Definition 2.7. *(bedingter Erwartungswert)*
Seien X, Y diskrete, reellwertige Zufallsvariable auf einem Wahrscheinlichkeitsraum $(\Omega, \mathcal{A}, P)$.

$$\mathrm{E}(X \mid Y = y) = \sum_{x \in \mathcal{T}_X} x\, P(X = x \mid Y = y)$$

heißt bedingter Erwartungswert von X unter $\{Y = y\}$.

Man beachte, daß $\mathrm{E}(X \mid Y = y) = h(y)$ eine Funktion von y ist. Dies definiert eine Zufallsvariable $h(Y) = \mathrm{E}(X \mid Y)$. $h(Y)$ heißt bedingte Erwartung von X unter Y. Bildet man den Erwartungswert der Zufallsvariablen $h(Y)$, so ergibt sich der Erwartungswert von X. Dies sieht man an der folgenden Formel.

$$\mathrm{E}\big(\mathrm{E}(X \mid Y)\big) = \sum_y \Big(\sum_x x\, P(X = x \mid Y = y) \Big) P(Y = y)$$

$$= \sum_x x \sum_y P(X = x, Y = y) = \sum_x x\, P(X = x) = \mathrm{E}(X). \qquad (2.3)$$

Satz 2.3. *(Starkes Gesetz großer Zahlen, SGGZ)*
$\{X_n\}_{n\in\mathbb{N}}$ sei eine Folge von stochastisch unabhängigen Zufallsvariablen auf einem Wahrscheinlichkeitsraum $(\Omega, \mathcal{A}, P)$, identisch verteilt mit $P^{X_n} = P^{X_1}$ für alle $n \in \mathbb{N}$, und es existiere $\mathrm{E}(X_1) = \mu$. Dann gilt:

$$\lim_{n\to\infty} \frac{1}{n} \sum_{i=1}^{n} X_i = \mu \quad \text{P-fast sicher, d.h.}$$

$$P\left(\left\{\omega \;\middle|\; \lim_{n\to\infty} \frac{1}{n} \sum_{i=1}^{n} X_i(\omega) = \mu\right\}\right) = 1.$$

Satz 2.3 besagt, daß das arithmetische Mittel von Zufallsvariablen 'fast sicher' oder 'mit Wahrscheinlichkeit 1' gegen den Erwartungswert konvergiert. Man sagt dann auch, $\{X_n\}_{n\in\mathbb{N}}$ genügt dem starken Gesetz großer Zahlen (SGGZ).

Da jede P-fast sicher konvergente Folge von Zufallsvariablen auch P-stochastisch konvergiert, folgt unter den Voraussetzungen von Satz 2.3 die stochastische Konvergenz von $\frac{1}{n} \sum_{i=1}^{n} X_i$, also

$$\lim_{n\to\infty} P\left(\left|\frac{1}{n} \sum_{i=1}^{n} X_i - \mu\right| > \varepsilon\right) = 0 \tag{2.4}$$

für alle $\varepsilon > 0$. Man sagt, $\{X_n\}_{n\in\mathbb{N}}$ genügt dem schwachen Gesetz großer Zahlen, wenn 2.4 gilt.

2.2   Markoff-Ketten

Bei natürlichen Sprachen ist die Wahrscheinlichkeit für das Auftreten eines Buchstabens abhängig davon, welche Buchstaben als Vorgänger verwendet wurden. Im Deutschen ist die Wahrscheinlichkeit sehr klein, daß nach der Kombination ' al' am Wortanfang ein 'd' oder 'e' auftritt. Nur selten gebrauchte Wörter werden mit d oder e fortgesetzt, wovon man sich mit Hilfe eines Lexikons überzeugen kann. Markoff-Ketten sind ein geeignetes Modell, um stochastische Abhängigkeit zwischen zeitlich aufeinanderfolgenden Ereignissen zu beschreiben. Zunächst wird lediglich die Abhängigkeit auf den unmittelbaren Vorgängerzeitpunkt berücksichtigt, durch Vergrößern des Zustandsraums auf kartesische Produkte können jedoch auch weiterreichende Abhängigkeiten modelliert werden. Diese Methode wird in Kapitel 4 bei Markoff-Quellen eingesetzt.

Definition 2.8. *(Markoff-Kette)*
Eine Folge von diskreten Zufallsvariablen $\{X_n\}_{n\in\mathbb{N}_0}$*, alle mit demselben höchstens abzählbaren Träger* $\mathcal{S} = \mathcal{T}_{X_n}$*, heißt Markoff-Kette, wenn*

$$P\big(X_n = x_n \mid X_{n-1} = x_{n-1},\ldots,X_0 = x_0\big)$$
$$= P\big(X_n = x_n \mid X_{n-1} = x_{n-1}\big) \tag{2.5}$$

für alle $n \in \mathbb{N}$ *und alle* $x_0,\ldots,x_n \in \mathcal{S}$ *mit* $P\big(X_{n-1} = x_{n-1},\ldots,X_0 = x_0\big) > 0$*.* $\mathcal{S}$ *heißt Zustandsraum der Markoff-Kette,* $P\big(X_n = x_n \mid X_{n-1} = x_{n-1}\big)$ *Übergangswahrscheinlichkeit von* x_{n-1} *nach* x_n *im* n*-ten Schritt und* P^{X_0} *Anfangsverteilung der Markoff-Kette. Eine Markoff-Kette heißt homogen, wenn (2.5) unabhängig von* n *ist.*

Markoff-Ketten sind die "erste Stufe" einer Verallgemeinerung von stochastisch unabhängigen Folgen von Zufallsvariablen: Abhängigkeiten auf direkte Vorgänger sind zugelassen, weiterreichende jedoch nicht. In Kapitel 4 wird sich zeigen, daß dieses relativ einfache Modell doch recht weittragend ist.

Im folgenden werden nur homogene Markoff-Ketten betrachtet, deren Zustandsraum $\mathcal{S} = \{s_1,\ldots,s_r\}$, $r \in \mathbb{N}$, darüberhinaus endlich ist. Dieser Fall reicht zur Beschreibung des Verhaltens von Quellen mit endlichem Alphabet aus. Die Übergangswahrscheinlichkeiten lassen sich dann zu einer $(r \times r)$-Matrix $\boldsymbol{\Pi}$ wie folgt zusammenfassen. Bezeichne

$$p_{ij} = P\big(X_n = s_j \mid X_{n-1} = s_i\big),$$

falls ein $n \in \mathbb{N}$ existiert mit $P\big(X_{n-1} = s_i\big) > 0$. Anderenfalls setze $p_{ij} \geq 0$, $j = 1,\ldots,r$, beliebig, so daß $\sum_{j=1}^{r} p_{ij} = 1$. Die Matrix

$$\boldsymbol{\Pi} = \big(p_{ij}\big)_{1 \leq i,j \leq r}$$

heißt Übergangsmatrix der Markoff-Kette. Die Übergangsmatrix bzw. Markoff-Kette heißt irreduzibel, wenn von jedem Zustand zu jedem anderen eine Kette aus positiven Übergangswahrscheinlichkeiten besteht. Genauer, für alle $i, j \in \{1, \ldots, r\}$ existieren $i_1, i_2, \ldots, i_k \in \{1, \ldots, r\}$ mit

$$p_{ii_1} \cdot p_{i_1 i_2} \cdots p_{i_k j} > 0.$$

Im Fall eines endlichen Zustandsraums läßt sich die Randverteilung der Zufallsvariablen X_n durch einen stochastischen Vektor

$$\boldsymbol{p}(n) = \big(p_1(n), \ldots, p_r(n)\big) \quad \text{mit} \quad p_i(n) = P\big(X_n = s_i\big), \quad i = 1, \ldots, r,$$

beschreiben. Die Menge der stochastischen Vektoren der Länge r wird im folgenden bezeichnet mit

$$\mathcal{P}_r = \Big\{ (p_1, \ldots, p_r) \;\Big|\; p_i \geq 0, \; \sum_{i=1}^{r} p_i = 1 \Big\}.$$

Stochastische Vektoren werden im folgenden stets als Zeilenvektoren geschrieben.

$\boldsymbol{p}(0) = \big(p_1(0), \ldots, p_r(0)\big)$ repräsentiert entsprechend die Anfangsverteilung. Als Anwendung der Kolmogoroff-Smirnoff-Gleichung (siehe z.B. [24]) folgt

$$\boldsymbol{p}(n) = \boldsymbol{p}(n-1)\boldsymbol{\Pi}, \quad n \in \mathbb{N}.$$

Mit Hilfe der Anfangsverteilung und der Übergangsmatrix $\boldsymbol{\Pi}$ kann hiermit die Verteilung von X_n iterativ berechnet werden zu

$$\boldsymbol{p}(n) = \boldsymbol{p}(n-1)\boldsymbol{\Pi} = \boldsymbol{p}(n-2)\boldsymbol{\Pi}^2 = \cdots = \boldsymbol{p}(0)\boldsymbol{\Pi}^n. \tag{2.6}$$

Besonders wichtig sind Verteilungen, die die Randverteilungen einer Markoff-Kette invariant lassen. Diese werden in der folgenden Definition eingeführt.

Definition 2.9. *(stationäre Verteilung einer Markoff-Kette)*
$\{X_n\}_{n \in \mathbb{N}_0}$ *sei eine homogene Markoff-Kette mit endlichem Zustandsraum* $\mathcal{S} = \{s_1, \ldots, s_r\}$. *Ein stochastischer Vektor* $\boldsymbol{p}^* \in \mathcal{P}_r$ *heißt stationäre Verteilung, wenn* $\boldsymbol{p}^*\boldsymbol{\Pi} = \boldsymbol{p}^*$.

Die Berechnung einer stationären Verteilung bedeutet bei endlichem Zustandsraum, das homogene Gleichungssystem $(I - \Pi)'v = o$ in der Menge der stochastischen Vektoren $v' \in \mathcal{P}_r$ zu lösen.

Ist die Anfangsverteilung $p(0)$ einer Markoff-Kette stationär im Sinn von Definition 2.9, so folgt mit (2.6), daß alle Randverteilungen $p(n)$ mit $p(0)$ übereinstimmen. Mehr noch, in diesem Fall ist sogar die ganze Folge stationär.

Lemma 2.3. *(stationäre Markoff-Kette)*
$\{X_n\}_{n\in\mathbb{N}_0}$ sei eine homogene Markoff-Kette mit stationärer Anfangsverteilung $p(0)$. Dann ist die Folge $\{X_n\}_{n\in\mathbb{N}_0}$ stationär im Sinn von Definition 2.4.

Unter gewissen Regularitätsvoraussetzungen stabilisieren sich Markoff-Ketten unabhängig von der Anfangsverteilung in einer stationären Verteilung in dem Sinn, daß die Verteilung von X_n mit wachsendem n gegen eine stationäre Verteilung konvergiert. Nach einer genügend langen Startphase einer solchen Markoff-Kette wird man das Auftreten der Zustände entsprechend der stationären Verteilung beobachten. Dies besagt der folgende Satz.

Satz 2.4. *(stationäre Verteilung und Limesverteilung)*
$\{X_n\}_{n\in\mathbb{N}_0}$ sei eine irreduzible, homogene Markoff-Kette mit endlichem Zustandsraum $\mathcal{S}$. Es existiere ein $m \in \mathbb{N}$ derart, daß Π^m eine Spalte aus lauter positiven Elementen besitzt. Dann gilt

$$\lim_{n\to\infty} \Pi^n = \begin{pmatrix} p_1^* & \cdots & p_r^* \\ \vdots & & \vdots \\ p_1^* & \cdots & p_r^* \end{pmatrix} \quad und \quad \lim_{n\to\infty} p_i(n) = p_i^*$$

für alle $i = 1,\ldots,r$. $p = (p_1^*,\ldots,p_r^*)$ ist dann die eindeutig bestimmte stationäre Verteilung.

Die Voraussetzung, daß Π^m eine Spalte mit lauter positiven Elementen besitzt, ist für irreduzible Markoff-Ketten äquivalent zur Aperiodizität. Diese besagt, daß Zustände nicht nur periodisch mit positiver Wahrscheinlichkeit besucht werden, sondern daß nach genügend langer Startphase jeder Zeitpunkt als Besuchszeit in Frage kommt. Für eine genaue Definition sei auf [24] verwiesen.

2.3 Übungsaufgaben

Aufgabe 2.1. X mit Träger $T_X = \{x_1, x_2\}$ und Y mit Träger $T_Y = \{y_1, y_2\}$ seien diskrete Zufallsvariable auf einem Wahrscheinlichkeitsraum $(\Omega, \mathcal{A}, P)$. Es gelte

$$P(\{X = x_1\} \cup \{Y = y_1\}) = 0.58,$$
$$P(X = x_2) = 0.7 \text{ und } P(X = x_1, Y = y_1) = 0.12.$$

Bestimmen Sie die gemeinsame Verteilung von (X, Y). Sind X und Y stochastisch unabhängig?

Aufgabe 2.2. Der diskrete Zufallsvektor (X, Y) besitze die Zähldichte ($0 < p < 1$ ein Parameter)

$$f(i,j) = \begin{cases} 2^{-(j+1)}(1-p)^{i-j}p, & \text{falls } i \geq j \\ 0, & \text{sonst} \end{cases}, \quad i, j \in \mathbb{N}_0.$$

Berechnen Sie $\mathrm{E}(X)$, $\mathrm{E}(Y)$ und $\mathrm{E}(X \cdot Y)$.

Aufgabe 2.3. X und Y seien stochastisch unabhängige, je mit Parameter $\lambda > 0$ poissonverteilte Zufallsvariable, d.h.

$$P(X = k) = P(Y = k) = e^{-\lambda} \frac{\lambda^k}{k!}, \quad k \in \mathbb{N}_0.$$

Bestimmen Sie die bedingte Verteilung von X unter $X + Y = k$, also die Verteilung $P^X(\cdot \mid X + Y = k)$, $k \in \mathbb{N}_0$.

Aufgabe 2.4.

a) Für $n \in \mathbb{N}$ berechne man durch die Wahl eines geeigneten Wahrscheinlichkeitsraums die Summe der Quersummen aller natürlichen Zahlen $\leq 10^n$.

b) Die Eulersche φ-Funktion ist für $n \in \mathbb{N}$ definiert durch

$$\varphi(n) := \text{Anzahl der zu } n \text{ teilerfremden natürlichen Zahlen} \leq n.$$

Beweisen Sie mittels wahrscheinlichkeitstheoretischer Überlegungen die Formel

$$\varphi(n) = n \prod_{p \mid n} (1 - \frac{1}{p}),$$

wobei das Produkt über alle Primzahlen gebildet wird, die n teilen.

Hinweis: Man betrachte eine Zufallsvariable X mit $P(X = i) = \frac{1}{n}$, $1 \leq i \leq n$, und Ereignisse $E(p) = \{\omega \mid p \text{ teilt } X(\omega)\}$.

Aufgabe 2.5. Eine homogene Markoff-Kette mit zwei Zuständen besitze die Übergangsmatrix $\boldsymbol{\Pi} = \begin{pmatrix} \alpha & 1-\alpha \\ 1-\beta & \beta \end{pmatrix}$, $0 \leq \alpha, \beta \leq 1$.

Für welche α und β existiert eine stationäre Verteilung? Bestimmen Sie diese gegebenenfalls. Berechnen Sie eine Anfangsverteilung $\boldsymbol{p}(0)$, so daß $\boldsymbol{p}(n) = \boldsymbol{p}(0)$ für alle $n \in \mathbb{N}$ und alle $0 \leq \alpha, \beta \leq 1$. Ist diese Anfangsverteilung eindeutig bestimmt?

Aufgabe 2.6. (Thanks to Bernard van Cutsem for this nice exercise.) In einem Feld mit r Zellen sind r verschiedene Objekte abgespeichert. Diese werden zu Zeitpunkten $n \in \mathbb{N}$ gemäß folgendem Algorithmus in dem Feld gesucht.

Durchsuche das Feld von links nach rechts nach aufsteigenden Indizes. Wird das gesuchte Objekt in Zelle k gefunden, verschiebe die Zelleninhalte $1, \ldots, k-1$ jeweils um eine Position nach rechts und speichere das gefundene Objekt in Zelle 1. (Der Sinn dieses Algorithmus ist, im Laufe der Zeit häufig gesuchte Elemente schnell in Zellen mit kleinem Index zu finden.)

Beschreiben Sie die sukzessiven Positionen von Objekt 1 unter diesem Algorithmus durch eine Markoff-Kette. Wie lautet die stationäre Verteilung, wenn die Zugriffswahrscheinlichkeit für Objekt 1 den Wert a, $0 < a < 1$, und für die Objekte $2, \ldots, r$ den Wert $b = (1-a)/(r-1)$ hat?

3 Information und Entropie

Ein präziser Begriff für Unsicherheit bzw. Informationsgewinn ist bei der kompakten Kodierung von Quellen und der Beschreibung der Leistungsfähigkeit von gestörten Kanälen von großer Bedeutung. Hierbei ist es gleichgültig, ob eine Zufallsexperiment durch die Unsicherheit über den Ausgang vor Ausführung oder den Informationsgewinn nach Bekanntwerden des Ausgangs beurteilt wird. Beide Größen können durch dieselbe Maßzahl gemessen werden, wie durch das folgende einführende Beispiel motiviert wird.

Zwei Zufallsexperimente mit jeweils drei möglichen Ausgängen werden durchgeführt. Die zugehörigen Wahrscheinlichkeiten der Ausgänge werden jeweils durch die stochastischen Vektoren

$$\boldsymbol{p} = (0.3, 0.4, 0.3) \quad \text{und} \quad \boldsymbol{q} = (0.9, 0.05, 0.05)$$

beschrieben. Der erste Vektor hat eine größere Unbestimmtheit des Ausgangs, da alle Ergebnisse ungefähr dieselbe Wahrscheinlichkeit haben. Nach Beobachten des Ausgangs ist also der Informationsgewinn beim ersten Experiment größer. Demgegenüber kann man beim zweiten Experiment den Ausgang mit hoher Wahrscheinlichkeit richtig vorhersagen. Die Unsicherheit hierüber ist gering, auch der Informationsgewinn nach Beobachten des Experiments ist klein.

Unser Ziel ist es, eine Maßzahl für die Unbestimmtheit oder den Informationsgewinn zu gewinnen. Hierzu wird zunächst ein direkter Vergleich von Wahrscheinlichkeitsvektoren durchgeführt. Es bezeichne

$$\mathcal{P}_m = \left\{ (p_1, \ldots, p_m) \,\middle|\, p_i \geq 0,\, i = 1, \ldots, m,\, \sum_{i=1}^{m} p_i = 1 \right\}$$

die Menge der Wahrscheinlichkeitsvektoren der Länge (Dimension) $m \in \mathbb{N}$. $\mathcal{P}_m$ repräsentiert bei festem Träger $\mathcal{X} = \{x_1, \ldots, x_m\}$ durch $P(\{x_i\}) = p_i$, $i = 1, \ldots, m$, die Menge aller diskreten Wahrscheinlichkeitsverteilungen P auf $(\mathcal{X}, \mathfrak{P}(\mathcal{X}))$.

Durch die folgende Ordnungsrelation auf $\mathcal{P}_m$ können gewisse $\boldsymbol{p}, \boldsymbol{q} \in \mathcal{P}_m$ bezüglich ihrer Unbestimmtheit verglichen werden. Offensichtlich ist es sinnvoll, nicht auf die Reihenfolge der einzelnen p_i in $(p_1, \ldots, p_m)$ zu achten, so daß wir uns auf Ordnungen beschränken können, die invariant sind unter Permutationen der Komponenten. Als Repräsentanten werden die Vektoren mit aufsteigenden Komponenten gewählt.

Für $\boldsymbol{p} = (p_1, \ldots, p_m) \in \mathcal{P}_m$ bezeichne hierzu $\boldsymbol{p}_\uparrow = (p_{(1)}, \ldots, p_{(m)})$ den zugehörigen Vektor mit aufsteigend geordneten Komponenten, also $p_{(1)} \leq p_{(2)} \leq \cdots \leq p_{(m)}$ und es existiert eine Permutation $\sigma \in S_m$ (der Menge der Permutationen der Zahlen $1, \ldots, m$) mit $p_{(i)} = p_{\sigma(i)}$ für alle $i = 1, \ldots, m$.

Definition 3.1. *(Majorisierung)*
Seien $\boldsymbol{p} = (p_1, \ldots, p_m)$, $\boldsymbol{q} = (q_1, \ldots, q_m) \in \mathcal{P}_m$. Man sagt, $\boldsymbol{q}$ majorisiert $\boldsymbol{p}$, bezeichnet mit $\boldsymbol{p} \prec \boldsymbol{q}$, wenn

$$\sum_{i=1}^{k} p_{(i)} \geq \sum_{i=1}^{k} q_{(i)} \text{ für alle } k = 1, \ldots, m-1 \quad \text{und} \quad \sum_{i=1}^{m} p_{(i)} = \sum_{i=1}^{m} q_{(i)}.$$

Man prüft leicht nach, daß durch "$\prec$" eine Präordnung auf $\mathcal{P}_m$ definiert wird, d.h. "$\prec$" ist eine reflexive ($\boldsymbol{p} \prec \boldsymbol{p}$) und transitive ($\boldsymbol{p} \prec \boldsymbol{q}$ und $\boldsymbol{q} \prec \boldsymbol{r} \Rightarrow \boldsymbol{p} \prec \boldsymbol{r}$) Relation auf $\mathcal{P}_m$. Antisymmetrie ($\boldsymbol{p} \prec \boldsymbol{q}$ und $\boldsymbol{q} \prec \boldsymbol{p} \Rightarrow \boldsymbol{p} = \boldsymbol{q}$) gilt lediglich auf der Menge der stochastischen Vektoren mit aufsteigend geordneten Komponenten. Auf dieser Menge liegt also eine partielle Ordnung vor.

Für die eingangs angegebenen stochastischen Vektoren der Länge 3 ergibt sich beispielsweise $\boldsymbol{p}_\uparrow = (0.3, 0.3, 0.4)$ und $\boldsymbol{q}_\uparrow = (0.05, 0.05, 0.9)$. Für die Partialsummen gilt:

k	1	2		3	
$\boldsymbol{p}$	0.3	0.3+0.3	= 0.6	0.3+0.3+0.4	= 1.0
$\boldsymbol{q}$	0.05	0.05+0.05	= 0.1	0.05+0.05+0.9	= 1.0

Folglich wird $\boldsymbol{p}$ von $\boldsymbol{q}$ majorisiert, also $\boldsymbol{p} \prec \boldsymbol{q}$.

Stellt man die Partialsummen in Definition 3.1 graphisch dar, indem man die Punkte $(\frac{k}{m}, \sum_{i=1}^{k} p_{(i)})$, $k = 0, \ldots, m$, als Koordinaten auffaßt und benachbarte Punkte durch Geraden verbindet, so erhält man die sogenannte *Lorenzkurve*. Hierbei wird die leere Summe als Null definiert, d.h. $\sum_{i=1}^{0} p_{(i)} = 0$.

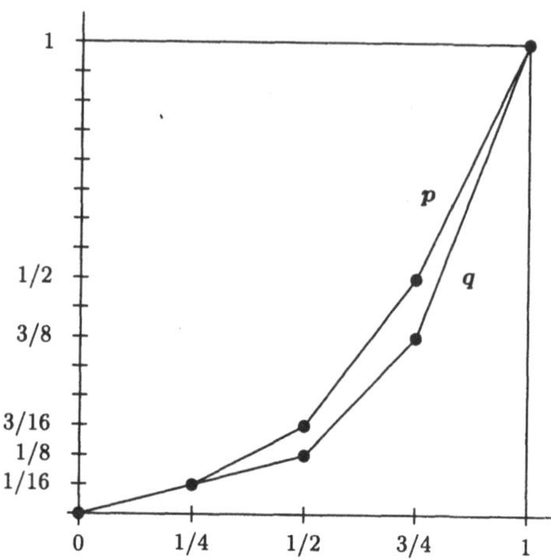

Abb. 3.1 Lorenzkurven, $\boldsymbol{p} = (\frac{1}{16}, \frac{1}{8}, \frac{5}{16}, \frac{1}{2}) \prec \boldsymbol{q} = (\frac{1}{16}, \frac{1}{16}, \frac{1}{4}, \frac{5}{8})$.

Für das Beispiel $\boldsymbol{p} = (\frac{1}{16}, \frac{1}{8}, \frac{5}{16}, \frac{1}{2})$ und $\boldsymbol{q} = (\frac{1}{16}, \frac{1}{16}, \frac{1}{4}, \frac{5}{8})$ ergibt sich die Darstellung aus Abbildung 3.1.

Ein Experiment ist umso bestimmter, die zugehörige Wahrscheinlichkeitsverteilung umso konzentrierter auf wenige Ereignisse, je weiter die Kurve nach rechts unten durchgebogen ist. Für $\boldsymbol{p}, \boldsymbol{q} \in \mathcal{P}_m$ liegt die zu $\boldsymbol{q}$ gehörige Kurve offensichtlich unterhalb der zu $\boldsymbol{p}$ gehörigen genau dann, wenn $\boldsymbol{p} \prec \boldsymbol{q}$. Dies läßt nun die Interpretation zu, daß das zu $\boldsymbol{p}$ gehörige Experiment unbestimmter als das zu $\boldsymbol{q}$ gehörige ist, wenn $\boldsymbol{p} \prec \boldsymbol{q}$.

Nicht alle stochastischen Vektoren sind jedoch bezüglich der Majorisierung vergleichbar. Betrachte etwa $\boldsymbol{p} = (0.1, 0.4, 0.5)$ und $\boldsymbol{q} = (0.2, 0.2, 0.6)$. Dann gilt $\boldsymbol{p} \not\prec \boldsymbol{q}$ und $\boldsymbol{q} \not\prec \boldsymbol{p}$. Daraus folgt, daß $\prec$ auf $\mathcal{P}_m$ keine Totalordnung definiert.

3.1   Entropie und Transinformation

Um alle stochastischen Vektoren bezüglich ihrer Unbestimmtheit vergleichen zu können, wird ein reelles Funktional H, eine Maßzahl für Unbestimmtheit, eingeführt. Ein solches H wird auf der Menge $\mathcal{P} = \bigcup_{m=1}^{\infty} \mathcal{P}_m$

der stochastischen Vektoren beliebiger endlicher Länge definiert. Nach den vorangegangenen Überlegungen ist eine Minimalforderung an H, daß für $p, q \in \mathcal{P}_m$ mit $p \prec q$ die Eigenschaft $H(p) \geq H(q)$ folgt, d.h. die Antitonie von H bezüglich "$\prec$". Eine Funktion, die diese Eigenschaft besitzt, ist die im folgenden definierte Entropie.

Definition 3.2. *(Entropie)*
Die Abbildung

$$H : \mathcal{P} = \bigcup_{m=1}^{\infty} \mathcal{P}_m \to \mathbb{R} : (p_1, \ldots, p_m) \mapsto -\sum_{i=1}^{m} p_i \log p_i$$

heißt Entropie. Hierbei wird $0 \cdot \log 0 = 0$ gesetzt.

Synonym wird $H(X) = H(p_1, \ldots, p_m)$ bezeichnet, falls X eine diskrete Zufallsvariable ist, deren Verteilung durch $(p_1, \ldots, p_m)$ mit $P(X = x_i) = p_i$, $x_i \in \mathcal{T}_X$, $i = 1, \ldots, m$, beschrieben wird. Es gilt also

$$H(X) = -\sum_{i=1}^{m} P(X = x_i) \cdot \log P(X = x_i). \tag{3.1}$$

Man beachte, daß die Definition der Entropie nur von den Wahrscheinlichkeiten, nicht aber von den Trägerpunkten der entsprechenden Verteilung abhängt. Dies ist von einem Maß für Unbestimmtheit zu erwarten. Die Basis des Logarithmus "log" geht in der Definition als multiplikative Konstante ein, da $\log_b x = \log_a x / \log_a b$ für alle $a, b > 1$, $x > 0$ gilt. Die Entropie H ist unter Zusatzbedingungen sogar das einzige vernünftige Maß für Unbestimmtheit oder Informationsgewinn, wie später gezeigt wird.

Lemma 3.1. *H ist antiton bezüglich $\prec$, d.h. $p \prec q \Rightarrow H(p) \geq H(q)$ für alle $p, q \in \mathcal{P}_m$ und $m \in \mathbb{N}$.*

Beweis. Wir benutzen (ohne ihn zu beweisen) den folgenden Satz aus der Theorie der Majorisierung (siehe [23], Seite 22):

Seien $p, q \in \mathcal{P}_m$. Dann gilt $p \prec q$ genau dann, wenn eine doppelt stochastische Matrix S existiert mit $p = qS$.

Eine Matrix $S = (s_{ij})_{1 \leq i,j \leq m}$ heißt doppelt stochastisch, wenn $s_{ij} \geq 0$, ferner alle Zeilensummen $\sum_{\ell=1}^{m} s_{i\ell} = 1$ und alle Spaltensummen $\sum_{\ell=1}^{m} s_{\ell j} =$

1 sind für alle $i, j = 1, \ldots, m$.

Weiterhin wird benutzt, daß $f(x) = -x \ln x$ für $x \in [0, 1]$ konkav ist, d.h.

$$f\left(\sum_{i=1}^{m} \alpha_i x_i \right) \geq \sum_{i=1}^{m} \alpha_i f(x_i)$$

für alle $x_1, \ldots, x_m \in [0, 1]$, $\alpha_i \geq 0$ mit $\sum_{i=1}^{m} \alpha_i = 1$, wobei "ln" den natürlichen Logarithmus (zur Basis e) bezeichnet. Dies folgt aus der Stetigkeit von f in $[0, 1]$ und der Tatsache, daß $f''(x) = (-\ln x - 1)' = -\frac{1}{x} < 0$ für alle $x \in (0, 1]$.

Seien nun $\boldsymbol{p}, \boldsymbol{q} \in \mathcal{P}_m$ mit $\boldsymbol{p} \prec \boldsymbol{q}$. Dann existiert eine doppelt stochastische Matrix $\boldsymbol{S} = (s_{ij})_{1 \leq i,j \leq m}$ mit $\boldsymbol{p} = \boldsymbol{q}\boldsymbol{S}$, d.h. $p_j = \sum_{i=1}^{m} q_i s_{ij}$ für alle $j = 1, \ldots, m$. Es folgt

$$H(\boldsymbol{p}) = -\sum_{j=1}^{m} p_j \ln p_j = \sum_{j=1}^{m} \left(-\left(\sum_{i=1}^{m} q_i s_{ij} \right) \ln \left(\sum_{i=1}^{m} q_i s_{ij} \right) \right)$$

$$\geq \sum_{j=1}^{m} \sum_{i=1}^{m} -s_{ij} q_i \ln q_i = -\sum_{i=1}^{m} q_i \ln q_i \underbrace{\left(\sum_{j=1}^{m} s_{ij} \right)}_{=1} = H(\boldsymbol{q}).$$

Die Verwendung von Logarithmen zu einer anderen Basis wirkt sich lediglich als positive multiplikative Konstante aus und erhält die $\geq$-Beziehung. ∎

Für eine diskrete Zufallsvariable X mit Träger $\mathcal{X} = \{x_1, \ldots, x_m\}$ ist nach (3.1) $H(X) = -\sum_{i=1}^{m} P(X = x_i) \log P(X = x_i)$. Dieser Ausdruck läßt sich als Erwartungswert schreiben. Hierzu definieren wir

$$I_X : \mathcal{X} \to \mathbb{R} : x_j \mapsto -\log P(X = x_j). \tag{3.2}$$

I_X ist eine Zufallsvariable auf dem Wahrscheinlichkeitsraum $(\mathcal{X}, \mathfrak{P}(\mathcal{X}), P^X)$. Mit der Konvention $0 \cdot \log 0 = 0$ ist I_X integrierbar, und es gilt mit (2.2)

$$\mathrm{E}(I_X) = -\sum_{j=1}^{m} P(X = x_j) \cdot \log P(X = x_j) = H(X).$$

$I_X(x_j) = -\log P(X = x_j) = \log \left(1/P(X = x_j) \right)$ heißt hierbei Informationsgehalt des Ereignisses $\{X = x_j\}$, $j = 1, \ldots, m$.

Die Definition der Entropie eines diskreten Zufallsvektors ist ein Spezialfall von (3.1). Liegen zwei diskrete Zufallsvariable X und Y auf einem Wahrscheinlichkeitsraum $(\Omega, \mathcal{A}, P)$ mit Träger

$$\mathcal{X} = \{x_1, \ldots, x_m\} \quad \text{bzw.} \quad \mathcal{Y} = \{y_1, \ldots, y_n\} \tag{3.3}$$

vor, so besitzt der Zufallsvektor (X, Y) den Träger $\mathcal{X} \times \mathcal{Y}$. (X, Y) ist selbst wieder eine diskrete Zufallsvariable, so daß gemäß Definition 3.2 für die Entropie von (X, Y)

$$H(X, Y) = -\sum_{i=1}^{m} \sum_{j=1}^{n} P(X = x_i, Y = y_j) \cdot \log P(X = x_i, Y = y_j)$$

gilt.

Die Entropie der bedingten Verteilung von X unter $\{Y = y_j\}$ hat nach Definition 3.2 die Gestalt

$$H(X \mid Y = y_j) = -\sum_{i=1}^{m} P(X = x_i \mid Y = y_j) \cdot \log P(X = x_i \mid Y = y_j).$$

$H(X \mid Y = y_j)$ heißt bedingte Entropie von X, gegeben $Y = y_j$. Die bedingte Entropie von X unter Y erhält man durch Erwartungswertbildung der bedingten Entropie von X unter $\{Y = y_j\}$, aufgefaßt als Zufallsvariable mit Argument $y_j \in \mathcal{Y}$ (vgl. (2.3)).

Definition 3.3. *(bedingte Entropie)*
X, Y seien diskrete Zufallsvariable mit Träger $\mathcal{X}$ bzw. $\mathcal{Y}$ aus (3.3).

$$H(X \mid Y) = \sum_{j=1}^{n} P(Y = y_j) H(X \mid Y = y_j) \tag{3.4}$$

heißt bedingte Entropie von X unter Y oder bedingte Entropie von X gegeben Y.

Durch einfaches Umrechnen erhält man die Darstellung

$$H(X \mid Y)$$

$$= -\sum_{j=1}^{n}\sum_{i=1}^{m} P(Y = y_j) \frac{P(X = x_i, Y = y_j)}{P(Y = y_j)} \log P(X = x_i \mid Y = y_j)$$

$$= -\sum_{i=1}^{m}\sum_{j=1}^{n} P(X = x_i, Y = y_j) \log P(X = x_i \mid Y = y_j).$$

Mit Hilfe der bedingten Entropie wird nun die Transinformation von Zufallsvariablen definiert.

Definition 3.4. *(Transinformation)*
X, Y seien diskrete Zufallsvariable mit Träger $\mathcal{X}$ bzw. $\mathcal{Y}$ aus (3.3).

$$I(X, Y) = H(X) - H(X \mid Y)$$

heißt Transinformation oder Synentropie von X und Y.

Die Transinformation kann folgendermaßen interpretiert werden. Beschreiben X und Y zwei Experimente, deren Ausgänge sich gegenseitig beeinflussen, so mißt $I(X, Y)$, um wieviel die Unbestimmtheit im Mittel kleiner wird, wenn man das Ergebnis von Y kennt.

Für drei Zufallsvariable X, Y, Z wird die bedingte Transinformation von X und Z unter Y, mit Hilfe der bedingten Entropie definiert als

$$I(X, Z \mid Y) = H(X \mid Y) - H(X \mid Y, Z). \tag{3.5}$$

Wenn keine Unklarheit über die bedingenden Zufallsvariablen besteht, werden die Klammern bei den entsprechenden Zufallsvektoren weggelassen. $H(X \mid Y, Z)$ ist also zu lesen als $H\big(X \mid (Y, Z)\big)$.

Mit der Beziehung $P(X = x_i) = \sum_j P(X = x_i, Y = y_j)$ erhält man die folgende Darstellung der Transinformation.

$$I(X, Y) = H(X) - H(X \mid Y)$$

$$= -\sum_i P(X = x_i) \log P(X = x_i)$$

$$+ \sum_{i,j} P(X = x_i, Y = y_j) \log P(X = x_i \mid Y = y_j)$$

$$= \sum_{i,j} P(X = x_i, Y = y_j) \log \frac{P(X = x_i \mid Y = y_j)}{P(X = x_i)} \qquad (3.6)$$

Auch die Transinformation besitzt eine Darstellung als Erwartungswert. Definiert man analog zu (3.2) die Zufallsvariable

$$I_{X,Y} : \mathcal{X} \times \mathcal{Y} \to \mathbb{R} : (x_i, y_j) \mapsto \log \frac{P(X = x_i \mid Y = y_j)}{P(X = x_i)}$$

auf dem Wahrscheinlichkeitsraum $(\mathcal{X} \times \mathcal{Y}, \mathfrak{P}(\mathcal{X} \times \mathcal{Y}), P^{(X,Y)})$, so gilt mit (3.6)

$$\mathrm{E}(I_{X,Y}) = I(X,Y).$$

Der Ausdruck $I_{X,Y}(x_i, y_j) = \log \frac{P(X=x_i \mid Y=y_j)}{P(X=x_i)}$ heißt hierbei wechselseitige Information der Ereignisse $\{X = x_i\}$ und $\{Y = y_j\}$.

Im folgenden Beispiel werden die oben definierten Begriffe für ein einfaches Kanalmodell untersucht.

Beispiel 3.1. (binärer symmetrischer Kanal, BSC, engl.: binary symmetric channel)
Durch einen Kanal werden Bits übertragen und ausgegeben. Als Eingabe- und Ausgabealphabet dient $\mathcal{X} = \{0,1\} = \mathcal{Y}$. Die Zufallsvariable X repräsentiert die (zufällige) Eingabe von Zeichen in den Kanal, Y entsprechend die Ausgabe.
Die Inputverteilung sei eine Gleichverteilung, d.h. $P(X = 0) = P(X = 1) = \frac{1}{2}$. Jedes Bit wird mit der Wahrscheinlichkeit $(1 - \varepsilon)$ richtig übertragen, mit der Wahrscheinlichkeit ε falsch, $0 \le \varepsilon \le 1$. Dies ergibt die bedingten Wahrscheinlichkeiten $P(Y = 0 \mid X = 0) = P(Y = 1 \mid X = 1) = 1 - \varepsilon$ und $P(Y = 1 \mid X = 0) = P(Y = 0 \mid X = 1) = \varepsilon$. Der Kanal wird durch die folgende Graphik veranschaulicht.

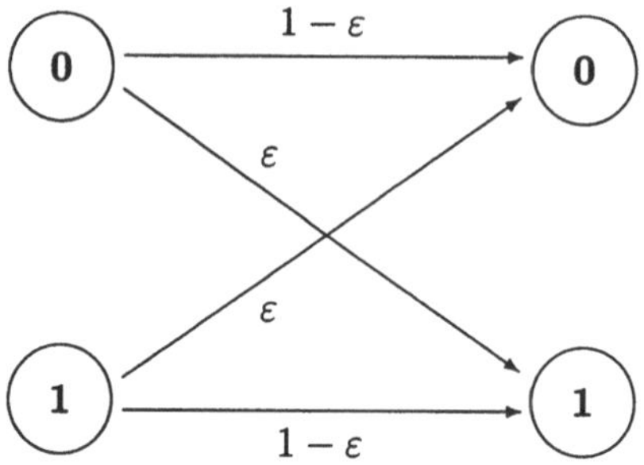

Als nächstes wird die gemeinsame Verteilung von (X, Y) berechnet. Es gilt

$$P(X = 0, Y = 0) = P(X = 1, Y = 1) = \frac{1 - \varepsilon}{2},$$

$$P(X = 0, Y = 1) = P(X = 1, Y = 0) = \frac{\varepsilon}{2}.$$

Hieraus erhalten wir die Verteilung von Y als Gleichverteilung mit $P(Y = 0) = P(Y = 1) = \frac{1}{2}$ und die bedingten Wahrscheinlichkeiten $P(X = x_i \mid Y = y_j)$ zu

$$P(X = 0 \mid Y = 0) = P(X = 1 \mid Y = 1) = 1 - \varepsilon,$$

$$P(X = 1 \mid Y = 0) = P(X = 0 \mid Y = 1) = \varepsilon.$$

Es folgt bei Verwendung von Logarithmen zur Basis 2:

$$H(X) = H(Y) = -\frac{1}{2} \log_2 \frac{1}{2} - \frac{1}{2} \log_2 \frac{1}{2} = 1$$

$$H(X, Y) = -2 \frac{1 - \varepsilon}{2} \log_2 \frac{1 - \varepsilon}{2} - 2 \frac{\varepsilon}{2} \log_2 \frac{\varepsilon}{2}$$

$$= 1 - (1 - \varepsilon) \log_2 (1 - \varepsilon) - \varepsilon \log_2 \varepsilon$$

$$H(X \mid Y) = -2 \frac{1 - \varepsilon}{2} \log_2 (1 - \varepsilon) - 2 \frac{\varepsilon}{2} \log_2 \varepsilon$$

$$= -(1 - \varepsilon) \log_2 (1 - \varepsilon) - \varepsilon \log_2 \varepsilon$$

$$I(X, Y) = H(X) - H(X \mid Y) = 1 + (1 - \varepsilon) \log_2 (1 - \varepsilon) + \varepsilon \log_2 \varepsilon$$

Graphisch ergeben sich die in Abbildung 3.2 dargestellten Funktionen von ε. Die Interpretation dieses Kanalmodells ist klar. Für $\varepsilon = 0$ liegt ein ungestörter Kanal vor, für $\varepsilon = \frac{1}{2}$ ist der Kanal vollständig gestört. In diesem Fall wird jedes gesendete Symbol mit gleicher Wahrscheinlichkeit richtig

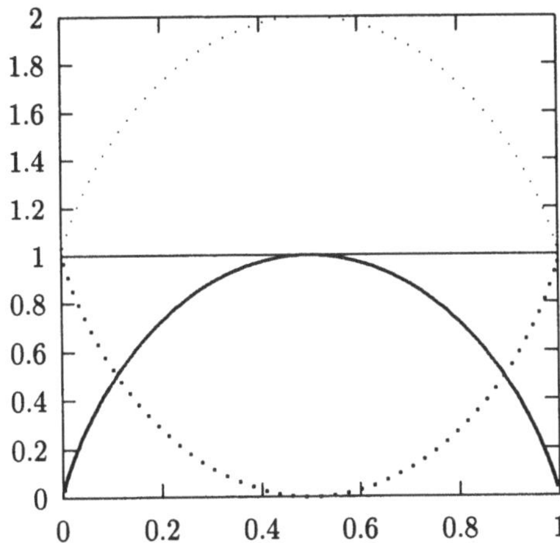

Abb. 3.2   Entropien und Transinformation beim BSC

bzw. falsch übertragen. Obige Kurven spiegeln dieses Verhalten genau wider. Die Entropie (Unbestimmtheit) von (X,Y) und X unter Y sind für $\varepsilon = \frac{1}{2}$ maximal, die Transinformation von X und Y ist hier minimal. Für $\varepsilon = 1$ überträgt der Kanal wieder ungestört, nur werden 0 und 1 systematisch ausgetauscht.   ∎

Durch das folgende Lemma werden Zusammenhänge zwischen Entropie, bedingter Entropie und der Transinformation hergestellt.

Lemma 3.2. *Für diskrete Zufallsvariable X und Y gilt*

a) $H(X,Y) = H(X) + H(Y \mid X) = H(Y) + H(X \mid Y)$

b) $I(X,Y) = H(X) - H(X \mid Y) = H(Y) - H(Y \mid X)$
$\qquad\quad = H(X) + H(Y) - H(X,Y)$

Aus b) folgt insbesondere die Symmetrie der Transinformation in X und Y.

Beweis. a) Nach Addition einer $0 = -\log P(X = x_i) + \log P(X = x_i)$ folgt

$$H(X,Y) = -\sum_{i,j} P(X = x_i, Y = y_j)\big(\log P(X = x_i, Y = y_j)$$

$$- \log P(X = x_i) + \log P(X = x_i))$$

$$= - \sum_{i,j} P(X = x_i, Y = y_j) \log P(Y = y_j \mid X = x_i)$$

$$- \underbrace{\sum_i \sum_j P(X = x_i, Y = y_j)}_{=P(X=x_i)} \log P(X = x_i)$$

$$= H(X) + H(Y \mid X)$$

Die zweite Gleichung folgt analog.

b) läßt sich aus der Definition von $I(X,Y)$ und a) wie folgt schließen.

$$I(X,Y) = H(X) - H(X \mid Y) = H(X) + H(Y) - H(X,Y)$$
$$= H(Y) - H(Y \mid X).$$

$\blacksquare$

Gleichung a) aus Lemma 3.2 formalisiert die folgende einleuchtende Eigenschaft eines Maßes für Unbestimmtheit. Die Unbestimmtheit eines zusammengesetzten Experiments entsteht additiv aus der Maßzahl für die Unbestimmtheit des ersten und der für die des zweiten, gegeben das erste.

Wir wenden uns nun einigen wichtigen Ungleichungen der Entropie und Transinformation zu. Interessant sind die notwendigen und hinreichenden Bedingungen für Gleichheit, die sich in natürlicher Weise für ein Maß für Unbestimmtheit ergeben.

Satz 3.1. *(Ungleichungen)*
X, Y, Z seien diskrete Zufallsvariable, Träger von X bzw. Y seien $\mathcal{X} = \{x_1, \ldots, x_m\}$ bzw. $\mathcal{Y} = \{y_1, \ldots, y_n\}$. Dann gilt:

a) $$0 \le H(X) \le \log m,$$

wobei Gleichheit in der linken Ungleichung genau dann gilt, wenn ein i existiert mit $P(X = x_i) = 1$ (Einpunktverteilung), und Gleichheit rechts genau dann, wenn $P(X = x_i) = \frac{1}{m}$ für alle $i = 1, \ldots, m$ (Gleichverteilung).

b)
$$0 \leq I(X,Y) \leq H(X),$$

wobei Gleichheit links genau dann gilt, wenn X und Y stochastisch unabhängig sind, und Gleichheit rechts genau dann, wenn für alle i,j mit $P(X = x_i, Y = y_j) > 0$ gilt, daß $P(X = x_i \mid Y = y_j) = 1$ (X ist total abhängig von Y).

c)
$$0 \leq H(X \mid Y) \leq H(X),$$

wobei Gleichheit links genau dann gilt, wenn X total abhängig von Y ist, und Gleichheit rechts genau dann, wenn X und Y stochastisch unabhängig sind. Ungleichung c) heißt Shannonsche Ungleichung.

d)
$$H(X) \leq H(X,Y) \leq H(X) + H(Y),$$

mit Gleichheit links genau dann, wenn Y total abhängig von X ist, und Gleichheit rechts genau dann, wenn X und Y stochastisch unabhängig sind.

e)
$$H\big(X \mid (Y,Z)\big) \leq \min\big\{H(X \mid Y), H(X \mid Z)\big\}.$$

Beweis. Wir verwenden die Abkürzungen $p_i = P(X = x_i)$, $p_{ij} = P(X = x_i, Y = y_j)$ und $p_{i|j} = P(X = x_i \mid Y = y_j)$. Unter Teil (i) werden jeweils die linken Ungleichungen, unter (ii) jeweils die rechten bewiesen.

a)(i) Es gilt $H(X) = -\sum_i p_i \log p_i \geq 0$, mit Gleichheit genau dann, wenn $p_i \log p_i = 0$, d.h. $p_i \in \{0,1\}$ für alle $i = 1,\ldots,m$. Aus $\sum_{i=1}^{m} p_i = 1$ folgt die Behauptung.

(ii) Hier wird die bekannte Ungleichung $\ln z \leq z - 1$, falls $z > 0$, verwendet. Es gilt

$$H(X) - \log m = \sum_i p_i \log \frac{1}{p_i} - \sum_i p_i \log m = \sum_i p_i \log \frac{1}{mp_i}$$

$$= (\log e) \sum_i p_i \ln \frac{1}{mp_i} = (\log e) \sum_{i:p_i>0} p_i \ln \frac{1}{mp_i}$$

$$\leq (\log e) \sum_{i:p_i>0} p_i \left(\frac{1}{mp_i} - 1\right) = (\log e)\left(\sum_{i:p_i>0} \frac{1}{m} - 1\right) \leq 0,$$

wobei Gleichheit genau dann gilt, wenn $p_i = \frac{1}{m}$ für alle $i = 1,\ldots,m$.

b)(i) Die Darstellung (3.6) der Transinformation und obige Ungleichung

$\ln z \le z - 1$, $z > 0$, liefern

$$-I(X,Y) = \sum_{i,j} p_{ij} \log \frac{p_i}{p_{i|j}} = (\log e) \sum_{i,j} p_{ij} \ln \frac{p_i}{p_{i|j}}$$

$$\le (\log e) \sum_{i,j:p_{ij}>0} p_{ij}\left(\frac{p_i}{p_{i|j}} - 1\right)$$

$$= (\log e)\left(\sum_{i,j:p_{ij}>0} p_i p_j - 1\right) \le 0$$

Gleichheit gilt genau dann, wenn die Bedingungen $p_{ij} = 0 \Rightarrow p_i p_j = 0$ und $p_{ij} > 0 \Rightarrow p_i = p_{i|j}$ beide erfüllt sind. Dies ist äquivalent zur stochastischen Unabhängigkeit von X und Y.

(ii) Es gilt $I(X,Y) = H(X) - H(X \mid Y) \le H(X)$, da $H(X \mid Y) \ge 0$. Gleichheit liegt genau dann vor, wenn $H(X \mid Y) = 0$. Die notwendige und hinreichende Bedingung ergibt sich aus der entsprechenden Bedingung in c)(i).

c)(i) Die Nichtnegativität folgt aus der Darstellung

$$H(X \mid Y) = -\sum_{i,j} p_{ij} \log p_{i|j} = - \sum_{i,j:p_{ij}>0} p_{ij} \log p_{i|j} \ge 0,$$

mit Gleichheit genau dann, wenn $p_{i|j} = 1$ für alle i, j mit $p_{ij} > 0$.

(ii) Da wegen b)(i) $0 \le I(X,Y) = H(X) - H(X \mid Y)$, folgt $H(X) \ge H(X \mid Y)$, mit der Bedingung für Gleichheit aus b)(ii).

d)(i) Da mit Lemma 3.2 a) $H(X,Y) = H(X) + H(Y \mid X) \ge 0$ gilt, folgt $H(X) \le H(X,Y)$. Analog zu c)(i) schließt man, daß Gleichheit genau dann gilt, wenn $H(Y \mid X) = 0$. Dies ist äquivalent zu $p_{j|i} = 1$ für alle i, j mit $p_{ij} > 0$.

(ii) Mit Lemma 3.2 b) folgt $H(X) + H(Y) - H(X,Y) = I(X,Y) \ge 0$. Gleichheit gilt genau dann, wenn $I(X,Y) = 0$, also X und Y stochastisch unabhängig sind.

e) Den Beweis der letzten Ungleichung erhält man nach Einsetzen der Definitionen wieder aus der Ungleichung $\ln z \le z - 1$, $z > 0$.

$$-H(X \mid Y) + H(X \mid Y, Z) = \sum_{i,j,k} p_{ijk} \log p_{i|j} - \sum_{i,j,k} p_{ijk} \log p_{i|jk}$$

$$= -\sum_{i,j,k} p_{ijk} \log \frac{p_{i|jk}}{p_{i|j}} = \sum_{i,j,k:p_{ijk}>0} p_{ijk} \log \frac{p_{i|j}}{p_{i|jk}}$$

$$\leq (\log e)\Big(\sum_{i,j,k:p_{ijk}>0} p_{ijk}\frac{p_{i|j}}{p_{i|jk}} - 1\Big)$$

$$= (\log e)\Big(\sum_{i,j,k:p_{ijk}>0} \frac{p_{ijk}p_{ij}p_{jk}}{p_j p_{ijk}} - 1\Big)$$

$$= (\log e)\Big(\sum_{i,j} p_{ij} - 1\Big) = 0$$

Die Ungleichung $H(X \mid Y, Z) \leq H(X \mid Z)$ folgt analog. Damit sind alle Behauptungen gezeigt. $\blacksquare$

3.2 Axiomatische Charakterisierung der Entropie

Das nächste Ziel ist nun eine axiomatische Charakterisierung der Entropie durch möglichst wenige der bisher gezeigten Eigenschaften. Drei Eigenschaften werden ausgewählt, und es wird gezeigt, daß eine Funktion $H : \mathcal{P} \to \mathbb{R}$, die diesen genügt, notwendigerweise bis auf einen konstanten Faktor mit der Entropie aus Definition 3.2 übereinstimmt.

Satz 3.1 a) besagt, daß $H(X) \leq \log m$ mit Gleichheit genau dann, wenn X gleichverteilt ist. Für stochastische Vektoren ergibt sich die folgende Formulierung.

(E1)   Für alle $m \in \mathbb{N}$, $(p_1, \ldots, p_m) \in \mathcal{P}_m$ gilt

$$H(p_1, \ldots, p_m) \leq H(\frac{1}{m}, \ldots, \frac{1}{m}).$$

Es bezeichne $p_{ij} = P(X = x_i, Y = y_j)$, $p_{i\cdot} = \sum_j p_{ij} = P(X = x_i)$ und $p_{j|i} = P(Y = y_j \mid X = x_i) = \frac{p_{ij}}{p_{i\cdot}}$. Die Beziehung $H(X,Y) = H(X) + H(Y \mid X)$ aus Lemma 3.2 a) besagt dann für stochastische Vektoren:

(E2)   Für alle $m, n \in \mathbb{N}$, $(p_{11}, \ldots, p_{1n}, p_{21}, \ldots, p_{2n}, \ldots, p_{m1}, \ldots, p_{mn}) \in \mathcal{P}_{m\cdot n}$ gilt

$$H(p_{11}, \ldots, p_{mn}) = H(p_{1\cdot}, \ldots, p_{m\cdot}) + \sum_{i=1}^{m} p_{i\cdot} H(p_{1|i}, \ldots, p_{n|i}).$$

Mit der Konvention $0 \cdot \log 0 = 0$ gilt weiterhin:

(E3)   Für alle $m \in \mathbb{N}$, $\ell \in \{0,\ldots,m\}$, $(p_1,\ldots,p_m) \in \mathcal{P}_m$ gilt

$$H(p_1,\ldots,p_\ell,0,p_{\ell+1},\ldots,p_m) = H(p_1,\ldots,p_m),$$

d.h. eine eingefügte 0 verändert die Entropie nicht.

Obige Eigenschaften lassen sich folgendermaßen interpretieren. (E1) besagt, daß die Unbestimmtheit bzw. der Informationsgewinn bei einer Gleichverteilung am größten ist. In (E2) wird die Unbestimmtheit eines Experiments mit zwei Komponenten additiv zusammengesetzt aus der Unbestimmtheit des ersten und der bedingten Unbestimmtheit des zweiten, gegeben das erste. (E3) verlangt, daß Ausgänge eines Experiments, die nur mit der Wahrscheinlichkeit 0 auftreten, die Unbestimmtheitheit nicht ändern.

Satz 3.2. *(Axiomatische Charakterisierung der Entropie, Chintchin 1953) Sei $H : \mathcal{P} = \bigcup_{m=1}^{\infty} \mathcal{P}_m \to \mathbb{R}$, $H \not\equiv 0$, eine reellwertige Abbildung auf der Menge aller stochastischen Vektoren, die den Eigenschaften (E1), (E2) und (E3) genügt. Ferner sei $H|_{\mathcal{P}_m}$ (die Einschränkung von H auf $\mathcal{P}_m$) stetig für alle $m \in \mathbb{N}$. Dann existiert eine Konstante $c > 0$ mit*

$$H(p_1,\ldots,p_m) = -c \sum_{i=1}^{m} p_i \log p_i.$$

Beweis. Setze $H(\tfrac{1}{m},\ldots,\tfrac{1}{m}) = f(m)$, $m \in \mathbb{N}$. Zunächst wird gezeigt, daß ein $c > 0$ existiert mit $f(m) = c \log m$ für alle $m \in \mathbb{N}$. Da wegen (E2) und (E1) $f(m) = H(\tfrac{1}{m},\ldots,\tfrac{1}{m},0) \le H(\tfrac{1}{m+1},\ldots,\tfrac{1}{m+1}) = f(m+1)$ gilt, ist f monoton steigend.

Seien nun $r,s \in \mathbb{N}$. Setzt man in (E2) $m = r$, $n = r^{s-1}$ und $p_{ij} = p_{i\cdot}p_{\cdot j}$, wobei $p_{i\cdot} = \tfrac{1}{r}$, $p_{\cdot j} = \tfrac{1}{r^{s-1}}$ für alle i,j, so folgt $p_{ij} = \tfrac{1}{r^s}$, und die gemeinsame Verteilung bildet eine Gleichverteilung auf $\{1,\ldots,r\} \times \{1,\ldots,r^{s-1}\}$ mit stochastisch unabhängigen Komponenten, wie in der folgenden Tabelle skizziert.

$$
\left.
\begin{array}{ccc|c}
1/r^s & \cdots & 1/r^s & 1/r \\
\vdots & & \vdots & \vdots \\
1/r^s & \cdots & 1/r^s & 1/r \\
\hline
1/r^{s-1} & \cdots & 1/r^{s-1} & \\
\underbrace{\phantom{1/r^{s-1} \cdots 1/r^{s-1}}}_{r^{s-1}} & & &
\end{array}
\right\} r
$$

Dies eingesetzt in (E2) liefert

$$H\left(\frac{1}{r^s},\ldots,\frac{1}{r^s}\right) = H\left(\frac{1}{r},\ldots,\frac{1}{r}\right) + \frac{1}{r}\sum_{i=1}^{r} H\left(\frac{1}{r^{s-1}},\ldots,\frac{1}{r^{s-1}}\right)$$

$$= H\left(\frac{1}{r},\ldots,\frac{1}{r}\right) + H\left(\frac{1}{r^{s-1}},\ldots,\frac{1}{r^{s-1}}\right).$$

Mit vollständiger Induktion folgt, daß für alle $r,s \in \mathbb{N}$

$$f(r^s) = H\left(\frac{1}{r^s},\ldots,\frac{1}{r^s}\right) = sH\left(\frac{1}{r},\ldots,\frac{1}{r}\right) = sf(r). \tag{3.7}$$

Insbesondere ist $f(1) = sf(1)$ für alle $s \in \mathbb{N}$, also gilt $f(1) = 0$.
Angenommen $f(2) = 0$. Dann ist $f(2^s) = sf(2) = 0$ für alle $s \in \mathbb{N}$, wegen
der Monotonie von f also $f \equiv 0$, was nach Voraussetzung ausgeschlossen
ist. Also gilt $f(s) > 0$ für alle $s \geq 2$.
Für alle $r,s,n \in \mathbb{N}, r,s \geq 2$ existiert nun $m \in \mathbb{N}_0$ mit

$$r^m \leq s^n < r^{m+1}. \tag{3.8}$$

Dies äquivalent umgeformt liefert

$$m\log r \leq n\log s < (m+1)\log r \quad\text{bzw.}\quad \frac{m}{n} \leq \frac{\log s}{\log r} < \frac{m+1}{n}. \tag{3.9}$$

Aus der Monotonie von f folgt mit (3.8), daß $f(r^m) \leq f(s^n) \leq f(r^{m+1})$.
Mit (3.7) erhält man

$$mf(r) \leq nf(s) \leq (m+1)f(r) \quad\text{bzw.}\quad \frac{m}{n} \leq \frac{f(s)}{f(r)} \leq \frac{m+1}{n}, \tag{3.10}$$

so daß wegen (3.9) und (3.10) für alle $r,s,n \in \mathbb{N},\ r,s \geq 2$ die Ungleichung

$$\left|\frac{f(s)}{f(r)} - \frac{\log s}{\log r}\right| \leq \frac{1}{n}$$

folgt. Durch Grenzübergang $n \to \infty$ schließt man $\frac{f(s)}{\log s} = \frac{f(r)}{\log r} > 0$ für
alle $r,s \geq 2$. Dies liefert die Existenz einer Konstanten $c > 0$, derart daß

$f(s) = c \log s$ für alle $s \geq 2$. Insgesamt wurde damit bewiesen, daß eine Konstante $c > 0$ existiert mit

$$H\left(\frac{1}{m}, \ldots, \frac{1}{m}\right) = c \cdot \log m. \tag{3.11}$$

für alle $m \in \mathbb{N}$.

Seien jetzt $(p_1^*, \ldots, p_m^*) \in \mathcal{P}_m$, $p_i^* \in \mathbb{Q}$, $i = 1, \ldots, m$, mit der Eigenschaft $p_i^* = \frac{g_i}{g}$, $\sum_{i=1}^m g_i = g$, $g_i \in \mathbb{N}$. Ausgangspunkt ist die zweidimensionale Verteilung p_{ij}, $i = 1, \ldots, m$, $j = 1, \ldots, g$ aus, die durch folgende Tabelle beschrieben wird.

$$
\begin{array}{cccccc|c}
\underbrace{1/g \cdots 1/g}_{g_1} & \underbrace{0 \cdots 0}_{g_2} & 0 \cdots 0 \cdots & & 0 \cdots 0 & g_1/g = p_1^* \\
0 \cdots 0 & 1/g \cdots 1/g & 0 \cdots 0 \cdots & & 0 \cdots 0 & g_2/g = p_2^* \\
\vdots & \vdots & \vdots & \vdots & & \vdots \\
0 \cdots 0 & 0 \cdots 0 & 0 \cdots 0 \cdots & \underbrace{1/g \cdots 1/g}_{g_m} & & g_m/g = p_m^*
\end{array}
$$

Hierbei gilt für alle $i = 1, \ldots, m$, $j = 1, \ldots, g$

$$p_{i|j} = \frac{p_{ij}}{p_{i\cdot}} = \begin{cases} 1/g_i, & \text{falls } j \text{ im } i\text{-ten Block,} \\ 0, & \text{sonst} \end{cases}.$$

Mit Eigenschaft (E2) folgt für diese Verteilung

$$H\left(\underbrace{\frac{1}{g} \ldots \frac{1}{g}}_{g_1}, 0, \ldots, 0, \underbrace{\frac{1}{g} \ldots \frac{1}{g}}_{g_2}, 0, \ldots, 0, \underbrace{\frac{1}{g} \ldots \frac{1}{g}}_{g_m}\right)$$

$$= H(p_1^*, \ldots, p_m^*) + \sum_{i=1}^m p_i^* H\left(0, \ldots, 0, \underbrace{\frac{1}{g_i} \ldots \frac{1}{g_i}}_{g_i}, 0, \ldots, 0\right).$$

Wendet man nun Eigenschaft (E3) und (3.11) auf diese Gleichung an, erhält man $c \log g = H(p_1^*, \ldots, p_m^*) + \sum_{i=1}^m p_i^*(c \log g_i)$, so daß

$$H(p_1^*, \ldots, p_m^*) = c\left(\log g - \sum_{i=1}^m p_i^* \log g_i\right)$$

$$= -c \sum_{i=1}^m p_i^* \log \frac{g_i}{g} = -c \sum_{i=1}^m p_i^* \log p_i^*.$$

Damit ist die Behauptung für stochastische Vektoren mit Komponenten in den rationalen Zahlen $\mathbb{Q}$ bewiesen.

Für beliebiges $(p_1,\ldots,p_m) \in \mathcal{P}_m$ existiert eine Folge $(p_1^{(\ell)},\ldots,p_m^{(\ell)}) \in \mathcal{P}_m$, $p_i^{(\ell)} \in \mathbb{Q}$, $\ell \in \mathbb{N}$ mit $(p_1^{(\ell)},\ldots,p_m^{(\ell)}) \to (p_1,\ldots,p_m)$ $(\ell \to \infty)$. Wegen der Stetigkeit von H auf $\mathcal{P}_m$ folgt

$$H(p_1,\ldots,p_m) = \lim_{\ell\to\infty} H(p_1^{(\ell)},\ldots,p_m^{(\ell)})$$

$$= \lim_{\ell\to\infty} \left(-c\sum_{i=1}^{m} p_i^{(\ell)} \log p_i^{(\ell)}\right) = -c\sum_{i=1}^{m} p_i \log p_i,$$

womit die Behauptung für beliebiges $(p_1,\ldots,p_m) \in \mathcal{P}$ bewiesen ist. ∎

3.3 Übungsaufgaben

Aufgabe 3.1. Man betrachte die Relation "$\prec$" (majorisiert) auf $\mathcal{P}_m$ (vgl. Def. 3.1). Zeigen Sie:

a) "$\prec$" definiert eine Präordnung auf $\mathcal{P}_m$, d.h. für alle $p,q,r \in \mathcal{P}_m$ gilt
   (i) $p \prec p$,   (ii) aus $p \prec q$ und $q \prec r$ folgt $p \prec r$.

b) $q \in \mathcal{P}_m$ heißt größtes (kleinstes) Element von $(\mathcal{P}_m,\prec)$, falls $p \prec q$ $(q \prec p)$ für alle $p \in \mathcal{P}_m$ gilt. Man bestimme alle größten und kleinsten Elemente von $(\mathcal{P}_m,\prec)$.

Aufgabe 3.2. Die binären Zufallsvariablen X und Y bezeichnen die Ein- bzw. Ausgabe bei einem binären symmetrischen Kanal mit Übertragungswahrscheinlichkeit $\varepsilon \in [0,1]$ (vgl. Beispiel 3.1). Zeigen Sie: $H(X) \leq H(Y)$. Wann tritt Gleichheit ein?

Aufgabe 3.3. Bei einem Übertragungssystem bestehe Eingabe- und Ausgabealphabet aus den Buchstaben $\{x_1, x_2, x_3\}$. Jeder Buchstabe trete mit gleicher Wahrscheinlichkeit als Eingabe auf und werde mit Wahrscheinlichkeit $1 - \varepsilon$, $0 \leq \varepsilon \leq 1$, nach Übertragung richtig ausgegeben oder je mit Wahrscheinlichkeit $\varepsilon/2$ als einer der verbleibenden Buchstaben fälschlich ausgegeben. Bestimmen Sie ein stochastisches Modell, das dieses Übertragungssystem beschreibt, und bestimmen Sie die Entropie der Ausgabe, die Entropie der Eingabe, die bedingte Entropie der Ausgabe, gegeben die Eingabe, sowie die Transinformation von Ein- und Ausgabe. Skizzieren Sie diese Größen als Funktionen von ε, $0 \leq \epsilon \leq 1$. Interpretieren Sie diese Funktionen.

Aufgabe 3.4.

a) Man zeige: $S = \sum_{n=2}^{\infty} n^{-1}(\log n)^{-2} < \infty$.

b) Auf $(\mathbb{N}, \mathfrak{P}(\mathbb{N}))$ sei eine Wahrscheinlichkeitsverteilung P definiert durch

$$P(\{n\}) = p_n = \begin{cases} S^{-1}\, n^{-1}(\log n)^{-2}, & \text{falls } n \geq 2 \\ 0, & \text{falls } n = 1 \end{cases}$$

Man berechne $-\sum_{n=1}^{\infty} p_n \log p_n$.

c) Auf $(\mathbb{N}, \mathfrak{P}(\mathbb{N}))$ sei eine Wahrscheinlichkeitsverteilung P gegeben mit $P(\{n\}) = p_n$. Ferner gelte: (i) $p_1 \geq p_2 \geq p_3 \geq \dots$ und (ii) $\sum_{n=1}^{\infty} p_n \log n < \infty$. Man zeige: $-\sum_{n=1}^{\infty} p_n \log p_n < \infty$.

Hinweis: Für monoton fallende Funktionen f gilt $\sum_{k=2}^{n} f(k) \leq \int_1^n f(x)\, dx \leq \sum_{k=1}^{n-1} f(k)$.

Aufgabe 3.5. $X : \Omega \to \mathcal{X}, \mathcal{X} = \{x_1, \dots, x_m\}$ sei eine endlich diskrete Zufallsvariable auf einem Wahrscheinlichkeitsraum $(\Omega, \mathcal{A}, P)$ und $g : \mathcal{X} \to \mathcal{Y}, \mathcal{Y} = \{y_1, \dots, y_n\}$ eine Abbildung. Man zeige, daß $H(g(X)) \leq H(X)$. Wann gilt Gleichheit?

Aufgabe 3.6. $(\Omega, \mathcal{A}, P)$ sei ein Wahrscheinlichkeitsraum und $\{\mathcal{E}_n\}_{n\in\mathbb{N}}$ eine aufsteigende Folge von endlichen, meßbaren Partitionen von Ω, d.h. für alle $n \in \mathbb{N}$ gilt $\mathcal{E}_n = \{E_{n,1}, E_{n,2}, \dots, E_{n,k(n)}\}$, $k(n) \in \mathbb{N}$ mit $E_{n,j} \in \mathcal{A}$, $\Omega = \bigcup_{j=1}^{k(n)} E_{n,j}$, $E_{n,i} \cap E_{n,j} = \emptyset$ für alle $i \neq j$, $i, j \in \{1, \dots, k(n)\}$, und für alle $j \in \{1, \dots, k(n)\}$ existieren Indizes $T \subset \{1, \dots, k(n+1)\}$ mit $E_{n,j} = \bigcup_{i \in T} E_{n+1,i}$.
Die Zufallsvariablen X_n seien definiert durch

$$X_n(\omega) = \sum_{i=1}^{k(n)} i \cdot \mathbb{I}_{E_{n,i}}(\omega), \ n \in \mathbb{N},$$

wobei $\mathbb{I}$ die Indikatorfunktion bezeichnet, $\mathbb{I}_A(x) = 1$, falls $x \in A$, und 0 sonst. Zeigen Sie: X_n ist für alle $n \in \mathbb{N}$ eine endlich diskrete Zufallvariable, und die Folge der Entropien $\{H(X_n)\}_{n\in\mathbb{N}}$ ist schwach monoton wachsend. Ist $\{H(X_n)\}_{n\in\mathbb{N}}$ stets nach oben beschränkt?

Aufgabe 3.7.

a) Die Zufallsvariable X sei $\text{Bin}(n,p)$-verteilt, also $P(X = k) = \binom{n}{k} p^k q^{n-k}, 0 \leq k \leq n$, mit $0 \leq p \leq 1$ und $q = 1-p$.
Man zeige: $H(X) \leq -n(p \log p + q \log q)$.

b) In einer unabhängigen Versuchsserie mit den Ausgängen 0 und 1 mit Eintrittswahrscheinlichkeit $1-p$ und p, $0 < p < 1$, bezeichne X_n die Anzahl der Versuche unter den ersten n, die der ersten 1 vorausgehen.
Berechnen Sie $H(X_n)$. Was ergibt sich hier für $n \to \infty$?

Aufgabe 3.8.

a) X, Y und Z seien endlich diskrete Zufallsvariablen. Man beweise

$$H\big((X, Y) \mid Z\big) \leq H(X \mid Z) + H(Y \mid Z).$$

b) $\{X_n\}_{n \in \mathbb{N}}$ sei eine Folge von endlich diskreten Zufallsvariablen auf einem Wahrscheinlichkeitsraum $(\Omega, \mathcal{A}, P)$. Zeigen Sie: Die Folge der bedingten Entropien $\big\{H\big(X_1 \mid (X_2, X_3, \ldots, X_n)\big)\big\}_{n=2}^{\infty}$ ist monoton fallend, dagegen ist die Folge der bedingten Entropien $\big\{H\big((X_2, X_3, \ldots, X_n) \mid X_1\big)\big\}_{n=2}^{\infty}$ monoton steigend.

Aufgabe 3.9. Die Entfernung $d(X, Y)$ zweier endlich diskreter Zufallsvariablen X, Y sei definiert durch $d(X, Y) = H(X \mid Y) + H(Y \mid X)$.
Man zeige, daß für drei endlich diskrete Zufallsvariablen X, Y, Z die Dreiecksungleichung gilt:

$$d(X, Y) \leq d(X, Z) + d(Z, Y).$$

Aufgabe 3.10. Man beweise: Für jede reelle Zahl $b > 1$ ist die Funktion $f = \log_b$ die einzige stetige Funktion $f : (0, \infty) \to \mathbb{R}$, die der Funktionalgleichung $f(xy) = f(x) + f(y)$ und der Anfangsbedingung $f(b) = 1$ genügt.

Aufgabe 3.11.

a) Sei $\mathcal{X}_\mu$ die Menge aller endlich diskreten Zufallsvariablen X, die höchstens die Werte $v_1, \cdots, v_n \in \mathbb{R}$ mit positiver Wahrscheinlichkeit annehmen und den Erwartungswert $E(X) = \mu$ für ein festes $\mu \in \mathbb{R}$ besitzen. Man zeige:

$$\max_{X \in \mathcal{X}_\mu} H(X) = H(X^*)$$

wird angenommen für eine Zufallsvariable X^* deren Verteilung gegeben ist durch $p_i = P(X^* = v_i) = e^{\beta v_i} \big(\sum_{j=1}^{n} e^{\beta v_j}\big)^{-1}$, $1 \leq i \leq n$, mit einem eindeutigen "Verteilungsmodul" $-\infty \leq \beta \leq \infty$ (Boltzmann-Verteilung).

b) Für $n = 3$ und $v_i = i$, $1 \leq i \leq 3$, bestimme man β explizit.

Aufgabe 3.12. $\mathcal{P}^* = \bigcup_{m \in \mathbb{N}} \mathcal{P}_m$ bezeichne die Menge aller Wahrscheinlichkeitsvektoren. $H : \mathcal{P}^* \to \mathbb{R}$ sei eine Funktion mit folgenden Eigenschaften. Für alle $m \in \mathbb{N}$, $(p_1, \ldots, p_m) \in \mathcal{P}_m$ gilt:

1.) $H \neq 0$,

2.) $H|_{\mathcal{P}_m}$ ist stetig und symmetrisch, d.h. $H(p_1, \ldots, p_m) = H(p_{\pi(1)}, \ldots, p_{\pi(m)})$ für alle Permutationen π,

3.) $H(p_1, \ldots, p_m) \leq H(\frac{1}{m}, \ldots, \frac{1}{m})$,

4.) $H(p_1, \ldots, p_m, 0) = H(p_1, \ldots, p_m)$,

5.) $H(p_1, \ldots, p_m) = H(p_1 + p_2, p_3, \ldots, p_m) + (p_1 + p_2)H\left(\frac{p_1}{p_1+p_2}, \frac{p_2}{p_1+p_2}\right)$.

Zeigen Sie, daß dann eine Konstante $b > 0$ existiert mit

$$H(p_1, \ldots, p_m) = -\sum_{i=1}^{m} p_i \log_b p_i.$$

4 Kodierung diskreter Quellen

Bei dem in der Einleitung vorgestellten Standardmodell wird nun der Zusammenhang zwischen Quelle und Quellenkodierer untersucht, also der in der folgenden Graphik gestrichelt umrahmte Block.

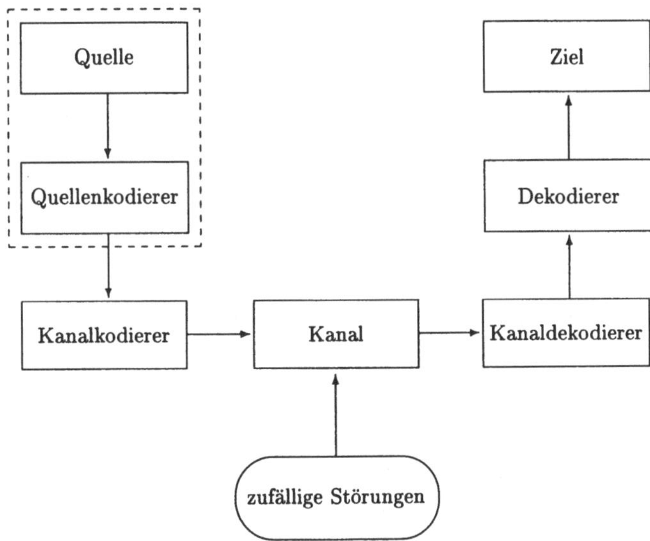

Generelle Zielsetzung ist, die von der Quelle aus einem bestimmten Alphabet gebildeten Wörter über einem (in der Regel binären) Kodealphabet möglichst kompakt zu kodieren. Dieser Vorgang wird als fehlerfrei angenommen, so daß keine Redundanz zu einer eventuell nötigen Fehlerkorrektur vorgesehen werden muß. Die Hauptaufgabe des Quellenkodierers ist also Datenkompression und Übersetzung der eingehenden Quellsignale.

Die Quelle benutzt das m-elementige Alphabet $\mathcal{X} = \{x_1, \ldots, x_m\}$ und sendet Wörter $(u_1, \ldots, u_N) \in \mathcal{X}^* = \bigcup_{\ell=0}^{\infty} \mathcal{X}^\ell$. Der Kodierer verwendet das Alphabet $\mathcal{Y} = \{y_1, \ldots, y_d\}$, er kodiert $(u_1, \ldots, u_N)$ durch $(w_1, \ldots, w_L) \in$

$\mathcal{Y}^* = \bigcup_{\ell=0}^{\infty} \mathcal{Y}^\ell$. Wenn mit Kodes fester Länge gearbeitet wird, läßt sich die kleinste Wortlänge L, so daß jedes Quellwort der Länge N kodiert werden kann, aus folgender Ungleichung bestimmen.

$$|\mathcal{X}^N| = m^N \le d^L = |\mathcal{Y}^L| \iff L \ge N\,\frac{\log m}{\log d}.$$

Bei natürlichsprachigen Quellen treten jedoch viele Quellwörter nur mit sehr kleiner Wahrscheinlichkeit auf. So gibt es 26^N Wörter der Länge N, doch davon wird in einer natürlichen Sprache nur ein winziger Teil genutzt. Wieviele sinnvolle Wörter mit 5 Buchstaben sind Ihnen im Deutschen bekannt? Man kann aus 26 Buchstaben 11.881.376 verschiedene Wörter mit 5 Buchstaben bilden, einen Sinn haben die wenigsten davon. Es stellt sich die Frage, ob L nicht wesentlich kleiner gewählt werden kann als $N \log m/\log d$, und zwar so, daß die Wahrscheinlichkeit, für ein Quellwort kein Kodewort zur Verfügung zu haben, sehr klein ist. Dieses Problem wird in Abschnitt 4.1 über Kodes fester Länge behandelt.

Werden hingegen Kodes variabler Länge benutzt und ist die Verteilung des Auftretens einzelner Quellbuchstaben bekannt, wird man den Kode so konstruieren, daß häufig auftretende Quellbuchstaben Kodewörter kurzer Länge und selten auftretende die längeren Kodewörter zugewiesen bekommen. Beabsichtigt wird hiermit, die Kodewortlänge im Mittel möglichst kurz zu machen. Dieses Ziel wird in Abschnitt 4.2 verfolgt.

Die beiden folgenden einführenden Beispiele verdeutlichen grundsätzliche Konzepte bei der Kodierung. Binäre Kodierung wird hierbei als ja- oder nein-Antwort auf Serien von entsprechenden Fragen interpretiert.

Beispiel 4.1. $\mathcal{X} = \{x_1, \ldots, x_5\}$ sei eine fünfelementige Menge. Der stochastische Vektor $\boldsymbol{p} = (0.3,\ 0.2,\ 0.2,\ 0.15,\ 0.15)$ beschreibe die Verteilung eines Zufallsexperiment mit Ergebnismenge $\mathcal{X}$. Wir stellen uns die Aufgabe, mit ja/nein-Fragen den Ausgang des Experiments von jemandem zu erfragen, der weiß, wie das Experiment augegangen ist. Die folgende naive Fragestrategie liegt direkt auf der Hand. Bei der i-ten Frage wird gefragt: 'War der Ausgang x_i?', $i = 1, \ldots, 4$. Spätestens nach 4 Fragen weiß man den Ausgang des Experiments, da viermal 'nein' auf den Ausgang x_5 schließen läßt. Die Wahrscheinlichkeit, hierbei den Ausgang mit genau einer Frage zu erfahren, ist 0.3, mit genau zwei Fragen 0.5, usw. Eine Kodierung der Ergebnisse des

Experiments $(\mathcal{X}, \boldsymbol{p})$ kann unter dieser Strategie durch ($1 \mathrel{\widehat{=}}$ ja und $0 \mathrel{\widehat{=}}$ nein) mit den Kodewörtern

$$x_1 \mapsto (1),\ x_2 \mapsto (0,1),\ x_3 \mapsto (0,0,1),$$
$$x_4 \mapsto (0,0,0,1),\ x_5 \mapsto (0,0,0,0,)$$

vorgenommen werden. Die erwartete Anzahl von Fragen ist

$$1 \cdot 0.3 + 2 \cdot 0.2 + 3 \cdot 0.2 + 4 \cdot 0.15 + 4 \cdot 0.15 = 2.5.$$

Es gibt jedoch bessere Fragestrategien, die im Mittel mit weniger Fragen auskommen. Die im folgenden Graphen dargestellte Strategie unterbietet die naive bezüglich der erwarteten Kodewortlänge.

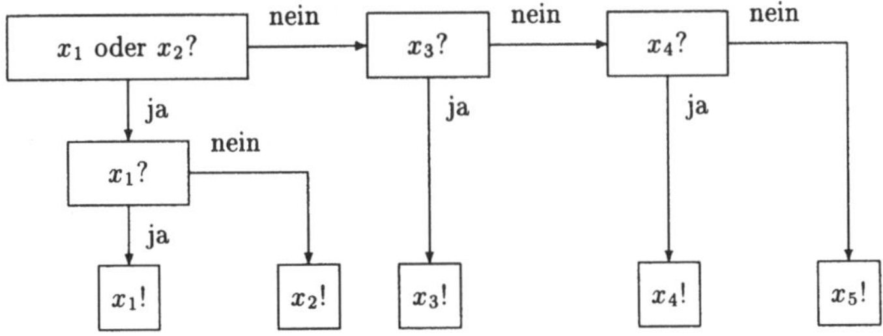

Den Ausgang x_1 des Experiments erfährt man nach zwei ja-Antworten, x_2 nach einer ja- und einer nein-Antwort, usw. Eine Kodierung der Ergebnisse des Experiments erfolgt wie oben durch

$$x_1 \mapsto (1,1),\ x_2 \mapsto (1,0),\ x_3 \mapsto (0,1),\ x_4 \mapsto (0,0,1),\ x_5 \mapsto (0,0,0).$$

Die Anzahl der Fragen oder äquivalent die Länge des Kodewortes bei dieser Strategie ist eine Zufallsvariable

$$Z : \mathcal{X} \to \mathbb{N} : x_i \mapsto \text{Anzahl der Fragen, mit denen man } x_i$$
$$\text{erfragen kann}$$
$$= \text{Länge des zugehörigen Kodewortes.}$$

Hier gilt $Z(x_1) = Z(x_2) = Z(x_3) = 2$, $Z(x_4) = Z(x_5) = 3$, ferner $P(Z = 2) = P(\{x_1, x_2, x_3\}) = 0.7$, $P(Z = 3) = P(\{x_4, x_5\}) = 0.3$. Die erwartete

Anzahl von Fragen, die in jedem Fall zum Ziel führen, oder äquivalent die erwartete Länge der verwendeten Kodewörter, beträgt

$$E(Z) = 0.7 \cdot 2 + 0.3 \cdot 3 = 2.3.$$

Die Strategie ist in der Tat besser als die naive Strategie von oben. Sie ist sogar die beste, wie später bewiesen wird. Die Entropie der Verteilung p berechnet sich zu

$$H(p_1, \ldots, p_5) = -(0.3 \log_2 0.3 + 0.4 \log_2 0.2 + 0.3 \log_2 0.15)$$
$$\approx 2.27095,$$

sie ist etwas kleiner als $E(Z)$. Wir werden später sehen, daß dieser Sachverhalt allgemein gilt: Ist die Basis der verwendeten Logarithmen m, so ist die Entropie eines Zufallsexperiments stets kleiner als die erwartete Kodewortlänge eines Kodes, der die zugehörigen Ergebnisse eindeutig kodiert. Die Entropie ist also eine untere Schranke für das Effizienzmaß "erwartete Kodewortlänge".   ∎

Beispiel 4.2. (Blockfragestrategie)
Seien X_1, X_2 stochastisch unabhängige Zufallsvariable, jeweils mit Träger $\mathcal{X} = \{x_1, x_2\}$. $\boldsymbol{X} = (X_1, X_2)$ ist dann ein Zufallsvektor mit Träger $\mathcal{X}^2$. $P(X_i = x_1) = 0.7$, $P(X_i = x_2) = 0.3$, $i = 1, 2$, beschreibe die Verteilung von X_1 bzw. X_2. Wegen der stochastischen Unabhängigkeit ist hiermit auch die gemeinsame Verteilung von (X_1, X_2) festgelegt. Die Aufgabe lautet, mit ja/nein-Fragen den Ausgang des Experiments zu erfragen, das durch (X_1, X_2) beschrieben wird. Eine zugehörige Blockfragestrategie wird analog zu Beispiel 4.1 graphisch dargestellt.

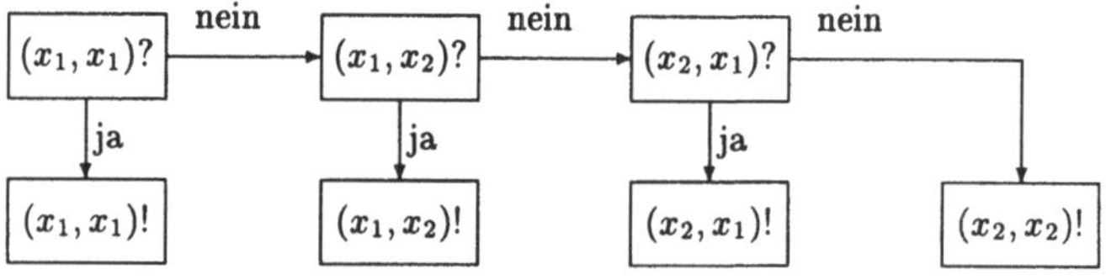

Wie im vorigen Beispiel lassen sich Antwortfolgen, die zu einem bestimmten Ergebnis führen, als Kodierung des Ergebnisses interpretieren, und zwar

$$(x_1, x_1) \mapsto (1), \quad (x_1, x_2) \mapsto (0, 1),$$
$$(x_2, x_1) \mapsto (0, 0, 1), \quad (x_2, x_2) \mapsto (0, 0, 0).$$

Um die Effizienz der Fragestrategie (oder Kodierung) mit Fällen vergleichbar zu machen, bei denen lediglich ein Ergebnis erfragt wird, wählen wir als Maß die erwartete Anzahl der Fragen pro Komponente. Bezeichnet die Zufallsvariable Z wie oben die Anzahl der Fragen, so gilt im vorliegenden Beispiel

$$\tfrac{1}{2}\mathrm{E}(Z) = \tfrac{1}{2}(1 \cdot 0.49 + 2 \cdot 0.21 + 3 \cdot 0.21 + 3 \cdot 0.09) = 0.905.$$

Für die Entropie von X_1 bzw. X_2 gilt

$$H(X_1) = H(X_2) = -0.7\log_2 0.7 - 0.3\log_2 0.3 = 0.8813,$$

sie ist wieder kleiner als das Effizienzmaß $\tfrac{1}{2}\mathrm{E}(Z)$.
Wir werden später sehen, daß dies allgemein gilt. Mehr noch, bezeichnet $\mathrm{E}(Z_N)$ die erwartete Kodewortlänge bei Blockkodierung von Blöcken der Länge N und sind $X_1,\ldots,X_N$ stochastisch unabhängige, identisch verteilte Zufallsvariable ein Modell für die Quelle, so existieren Blockkodes mit $\frac{1}{N}\mathrm{E}(Z_N) \to H(X_1)$ $(N \to \infty)$. ∎

4.1 Kodes fester Länge

Wie bereits festgestellt, benutzen natürliche Sprachen nur einen sehr kleinen Teil der Menge aller theoretisch möglichen Wörter bestimmter Länge über einem gegebenen Alphabet. Ein adäquates stochastisches Modell muß diesen Sachverhalt widerspiegeln und den meisten Wörtern eine nur sehr kleine Wahrscheinlichkeit geben. In der Tat läßt sich diese Situation schon im einfachen Modell von stochastisch unabhängigen Buchstaben beobachten. Hiermit beschäftigt sich der folgende Abschnitt.

Die Menge der Quellwörter läßt sich in *typische* und *untypische* einteilen. Die untypischen besitzen alle zusammen für große Wortlängen eine beliebig kleine Wahrscheinlichkeit. Werden jetzt nur für die typischen Quellwörter Kodewörter zur Verfügung gestellt, so ist die Wahrscheinlichkeit, für ein gegebenes Wort kein Kodewort zu haben, sehr klein. Wir beginnen mit der Definition eines einfachen Quellenmodells.

Definition 4.1. *(Diskrete gedächtnislose Quelle, DGQ)*
$\{X_n\}_{n\in\mathbb{N}}$ sei eine Folge von stochastisch unabhängigen, identisch verteilten Zufallsvariablen mit Verteilung $P^{X_n} = P^X$ für alle $n \in \mathbb{N}$ und Träger $\mathcal{X} = \{x_1,\ldots,x_m\}$. $\{X_n\}_{n\in\mathbb{N}}$ (oder auch X) heißt diskrete gedächtnislose Quelle (DGQ) (discrete memoryless source). $\mathcal{X}$ heißt Alphabet der Quelle.

Satz 4.1. *(Asymptotische Gleichverteilungseigenschaft, Feinstein 1959)*
$\{X_n\}_{n\in\mathbb{N}}$ sei eine DGQ mit Alphabet $\mathcal{X} = \{x_1,\ldots,x_m\}$ und Entropie $H = H(X)$, gebildet mit Logarithmen zur Basis 2. Dann gelten die folgenden Aussagen.
$$\forall\, \varepsilon, \delta > 0 \ \exists\, N_0 \in \mathbb{N} \ \forall\, N > N_0 \ \exists\, T \subseteq \mathcal{X}^N :$$

a) $2^{-N(H+\delta)} \le P(X_1 = a_1,\ldots,X_N = a_N) \le 2^{-N(H-\delta)}$
   für alle $(a_1,\ldots,a_N) \in T$

b) $P\big((X_1,\ldots,X_N) \in T^c\big) \le \varepsilon$

c) $(1-\varepsilon)2^{N(H-\delta)} \le |T| \le 2^{N(H+\delta)}$

Beweis. Bezeichne $\boldsymbol{X}_N = (X_1,\ldots,X_N)$ und $\boldsymbol{a}_N = (a_1,\ldots,a_N)$. Der Informationsgehalt des Ereignisses $\{\boldsymbol{X}_N = \boldsymbol{a}_N\}$, $\boldsymbol{a}_N \in \mathcal{X}^N$, ist wegen der stochastischen Unabhängigkeit von $X_1,\ldots,X_N$

$$
\begin{aligned}
I_{\boldsymbol{X}_N}(\boldsymbol{a}_N) &= -\log P(\boldsymbol{X}_N = \boldsymbol{a}_N) \\
&= -\log\big(P(X_1 = a_1)\cdots P(X_N = a_N)\big) \\
&= -\sum_{i=1}^{N} \log P(X_i = a_i) = \sum_{i=1}^{N} I_{X_i}(a_i).
\end{aligned}
\tag{4.1}
$$

Die Zufallsvariablen

$$
\begin{aligned}
I_{X_k} : \ &\left(\mathcal{X}^\infty, \bigotimes_{i=1}^{\infty}\mathfrak{P}(\mathcal{X}), P^{\{X_n\}}\right) \to \mathbb{R} \\
: \ &\{a_n\}_{n\in\mathbb{N}} \mapsto -\log P(X_k = a_k), \ k \in \mathbb{N},
\end{aligned}
$$

bilden eine stochastisch unabhängige Folge $\{I_{X_k}\}_{k\in\mathbb{N}}$. Mit dem starken Gesetz großer Zahlen (vgl. Satz 2.3) folgt

$$\lim_{N\to\infty} \frac{1}{N}\sum_{k=1}^{N} I_{X_k} = \mathrm{E}(I_{X_1}) = H(X) \quad P^{\{X_n\}}\text{-fast sicher.}$$

Hieraus folgt wie in (2.4) stochastische Konvergenz, also für alle $\varepsilon, \delta > 0$ existiert ein N_0, derart daß $N > N_0$

$$P^{\{X_N\}}\left(\left|\frac{1}{N}\sum_{k=1}^{N} I_{X_k} - H(X)\right| > \delta\right) \le \varepsilon.$$

Wegen (4.1) ist dies äquivalent zu

$$P^{(X_1,\dots,X_N)}\left(\left\{(a_1,\dots,a_N) \in \mathcal{X}^N \;\middle|\; \left|\frac{1}{N} I_{\boldsymbol{X}_N}(\boldsymbol{a}_N) - H(X)\right| > \delta\right\}\right)$$
$$\le \varepsilon. \tag{4.2}$$

Mit der Menge

$$T = \left\{(a_1,\dots,a_N) \in \mathcal{X}^N \;\middle|\; \left|\frac{1}{N} I_{\boldsymbol{X}_N}(\boldsymbol{a}_N) - H(X)\right| \le \delta\right\}$$

wird nun die Menge der typischen Quellwörter bezeichnet. Wegen (4.2) gilt die Abschätzung $P^{(X_1,\dots,X_N)}(T) \ge 1 - \varepsilon$ und $P^{(X_1,\dots,X_N)}(T^C) \le \varepsilon$. Damit ist b) gezeigt.
Ferner gilt mit Logarithmen zur Basis 2 für alle $(a_1,\dots,a_N) \in T$, daß $N(H - \delta) \le I_{\boldsymbol{X}_N}(a_1,\dots,a_N) \le N(H + \delta)$ genau dann, wenn $2^{-N(H-\delta)} \ge P(X_1 = a_1,\dots,X_N = a_N) \ge 2^{-N(H+\delta)}$, woraus a) folgt.
Die Mächtigkeit von T wird mit Hilfe der folgenden Ungleichungen abgeschätzt.

$$1 \ge P^{\boldsymbol{X}_N}(T) \ge |T| \cdot \min_{\boldsymbol{a}_N \in T} P(\boldsymbol{X}_N = \boldsymbol{a}_N) \ge |T| \cdot 2^{-N(H+\delta)},$$

so daß $|T| \le 2^{N(H+\delta)}$. Ferner gilt

$$(1 - \varepsilon) \le P^{\boldsymbol{X}_N}(T) \le |T| \cdot \max_{\boldsymbol{a}_N \in T} P(\boldsymbol{X}_N = \boldsymbol{a}_N) \le |T| \cdot 2^{-N(H-\delta)}.$$

Also ist $|T| \ge (1 - \varepsilon) \cdot 2^{N(H-\delta)}$. Hiermit ist c) gezeigt. ∎

Satz 4.1 besagt, daß für beliebig kleines $\varepsilon > 0$ für alle genügend großen Wortlängen N eine Partiton von $\mathcal{X}^N$ in eine Menge von typischen Quellwörtern T und eine von untypischen T^c existiert. Die untypischen Quellwörter haben alle zusammen eine Wahrscheinlichkeit von höchstens ε. Für die typischen Quellwörter $\boldsymbol{a} \in T$ gilt wegen Teil a)

$$\left| -\frac{1}{N} \log P(\boldsymbol{X}_N = \boldsymbol{a}_N) - H \right| \leq \delta.$$

Die mit $1/N$ normierte logarithmierte Wahrscheinlichkeit für das Auftreten eines typischen Quellworts ist also approximativ konstant gleich der Entropie der Quelle. Können δ und N so gewählt werden, daß für kleine ε auch $N\delta$ nahe bei Null ist, so besitzt jedes $\boldsymbol{a} \in T$ approximativ die Wahrscheinlichkeit 2^{-NH}. In diesem Fall enthält T approximativ 2^{NH} Elemente. Man sagt, die Quelle besitzt die asymptotische Gleichverteilungseigenschaft (asymptotic equipartition property). Diese Zusammenhänge können folgendermaßen skizziert werden.

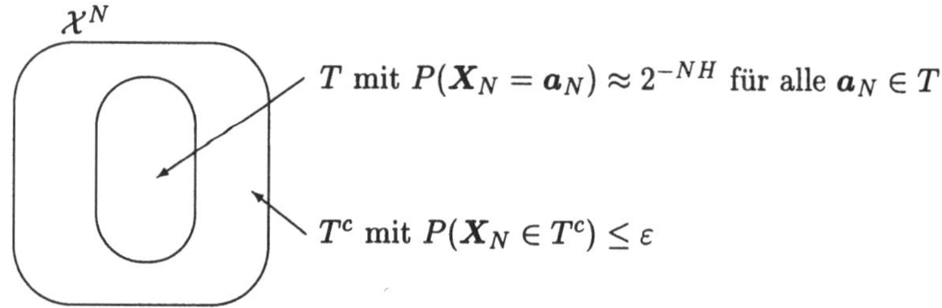

Die Menge T in Satz 4.1 ergibt sich aus der Konvergenzaussage des Gesetzes großer Zahlen. Eine konstruktive Bestimmung von T ist hieraus jedoch nicht möglich. Bei Verwendung einer anderen Basis b der Logarithmen erhält man analoge Aussagen, indem die Zahl 2 durch die entsprechende Basis b ersetzt wird.

Satz 4.1 läßt sich ebenso für jede diskrete Quelle $\{X_n\}_{n \in \mathbb{N}}$ beweisen, solange $P^{X_N} = P^X$ und $\lim_{N \to \infty} \frac{1}{N} \sum_{k=1}^{N} I_{X_k} = \mathrm{E}(X)$ $P^{\{X_n\}}$-stochastisch gilt. Diese Eigenschaften besitzen etwa stationäre, ergodische Quellen (siehe z.B. [15], [10]). Stationäre Quellen werden in späteren Kapiteln behandelt.

Bei diskreten gedächtnislosen Quellen kann Satz 4.1 a) verschärft werden zu (s. Übungsaufgabe 4.3) $\forall \varepsilon > 0 \; \exists \delta(\varepsilon), N_0 \in \mathbb{N} \; \forall N > N_0 \; \forall \boldsymbol{a}_N \in T$:

$$2^{-NH-\sqrt{N}\delta} \leq P(\boldsymbol{X}_N = \boldsymbol{a}_N) \leq 2^{-NH+\sqrt{N}\delta}.$$

Die Einteilung der Grundmenge in typische und untypische Quellwörter hat eine Reduktion des Aufwands bei Kodierungen fester Länge von Wörtern über einem Quellalphabet $\mathcal{X} = \{x_1, \ldots, x_m\}$ durch Wörter über einem Kodealphabet $\mathcal{Y} = \{y_1, \ldots, y_d\}$, $d \geq 2$ zum Ziel. Werden lediglich für die typischen Quellwörter eindeutige Kodewörter zur Verfügung gestellt, so treten wegen Satz 4.1 Dekodierfehler für große N nur mit sehr kleiner Wahrscheinlichkeit auf. Die Frage ist, wie "kurz" die Kodewortlänge dann sein darf.

Im folgenden werden Quellwörter der Länge N aus $\mathcal{X}^N$ durch Kodewörter der Länge L aus $\mathcal{Y}^L$ kodiert. Wir nehmen an, daß $|\mathcal{Y}^L| \leq |\mathcal{X}^N|$, d.h. $L \leq N \frac{\log m}{\log d}$. Ansonsten gibt es ja keine Probleme, da für jedes Quellwort ein Kodewort bereitsteht.

Zur Beschreibung der Menge von Quellwörtern, die ein Kodewort besitzen, wird im folgenden eine injektive Abbildung $g : \mathcal{Y}^L \to \mathcal{X}^N$ verwendet. Die zugehörige Inverse g^{-1} auf dem Bildbereich $g(\mathcal{Y}^L) \subseteq \mathcal{X}^N$ repräsentiert dann eine Abbildung, die jedem Quellwort aus $g(\mathcal{Y}^L)$ ein Kodewort aus $\mathcal{Y}^L$ zuordnet. Wir vereinbaren daher für den folgenden Satz die Sprechweisen: g heißt Kodierung, $g(\mathcal{Y}^L)$ heißt Menge der Quellwörter mit Kodewort. $F_g = \mathcal{X}^N \backslash g(\mathcal{Y}^L)$ bezeichnet die Menge der Quellwörter ohne Kodewort, die sogenannte Fehlmenge unter der Kodierung g. Graphisch läßt sich die Situation wie folgt veranschaulichen.

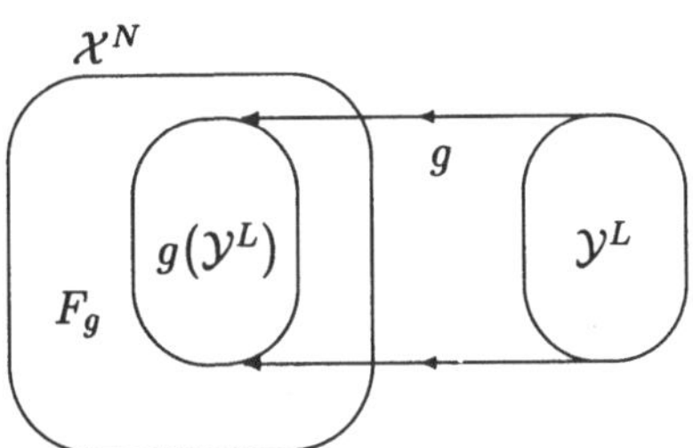

Satz 4.2.

$\{X_n\}_{n \in \mathbb{N}}$ *sei eine diskrete gedächtnislose Quelle mit Entropie* $H(X)$. *Dann gilt für alle* $\delta > 0$:

a) *Falls* $L_N \geq N \frac{H(X)+\delta}{\log d}$, *existiert eine Folge von Kodierungen* $g_N : \mathcal{Y}^{L_N} \to \mathcal{X}^N$, $N \in \mathbb{N}$, *mit*

$$\lim_{N \to \infty} P(\boldsymbol{X}_N \in F_{g_N}) = 0.$$

b) *Falls $L_N \leq N\,\frac{H(X)-\delta}{\log d}$, gilt für alle Folgen von Kodierungen $g_N : \mathcal{Y}^{L_N} \to \mathcal{X}^N$, daß*

$$\lim_{N\to\infty} P(\boldsymbol{X}_N \in F_{g_N}) = 1.$$

Beweis. a) Für alle $\delta > 0$, $N > N_0$ gilt mit Satz 4.1 c), daß $|T| \leq 2^{N(H+\delta)} \leq d^L$, da $L \geq N\frac{H(X)+\delta}{\log d}$. Hieraus folgt die Existenz einer injektiven Abbildung g_N mit $g_N(\mathcal{Y}^L) \supseteq T$. Da $F_{g_N} \subseteq T^C$, gilt $P(\boldsymbol{X}_N \in F_{g_N}) \leq P(\boldsymbol{X}_N \in T^C) \leq \varepsilon$ für alle $\varepsilon > 0$ und alle genügend großen N, womit a) gezeigt ist.

b) Für alle $\delta > 0$, genügend großen N und $(a_1,\dots,a_N) \in T$ gilt mit Satz 4.1 a) $P(\boldsymbol{X}_N = \boldsymbol{a}_N) \leq 2^{-N(H-\delta)}$. Nach Voraussetzung ist $d^L \leq 2^{N(H-2\delta)}$, und damit $P(\boldsymbol{X}_N \in T \cap g_N(\mathcal{Y}^L)) \leq 2^{N(H-2\delta)}2^{-N(H-\delta)} = 2^{-N\delta}$. Ferner ist $P(\boldsymbol{X}_N \in T^C \cap g_N(\mathcal{Y}^L)) \leq \varepsilon$ für alle $\varepsilon > 0$ und alle genügend großen N. Insgesamt gilt $P(\boldsymbol{X}_N \in g_N(\mathcal{Y}^L)) \leq \varepsilon + 2^{-N\delta}$, woraus $P(\boldsymbol{X}_N \in F_{g_N}) \to 1$ $(N \to \infty)$ für jede Kodierung g_N folgt. Dies zeigt b).   ∎

Interpretiert man $\frac{L}{N}$ als Anzahl der Kodebuchstaben pro Quellbuchstabe, so macht Satz 4.2 die folgenden Aussagen. Ist $\frac{L}{N}$ etwas größer als $\frac{H(X)}{\log d}$, so existiert ein Kode mit einer kleinen Fehlerwahrscheinlichkeit. Ist aber $\frac{L}{N}$ nur etwas kleiner als $\frac{H(X)}{\log d}$, so hat jeder Kode bei großen Quellwortlängen eine Fehlerwahrscheinlichkeit nahe bei 1. Die normierte Entropie $\frac{H(X)}{\log d}$ erweist sich als der kritische Wert für die Anzahl der Kodebuchstaben pro Quellbuchstabe, oberhalb dessen brauchbare Kodierungen existieren, unterhalb dessen aber keine funktionierende Kodierung konstruiert werden kann. Dies ist eine weitere Bestätigung dafür, daß die Entropie das richtige Maß für Unbestimmtheit ist. $\log d$ ist lediglich eine Normierungskonstante, mit der die Mächtigkeit des Kodealphabets berücksichtigt wird. Sie verschwindet, wenn d als Basis des Logarithmus gewählt wird.

4.2   Kodes variabler Länge

Wie oben bezeichne $\mathcal{X} = \{x_1,\dots,x_m\}$ das Quellalphabet und $\mathcal{Y} = \{y_1,\dots,y_d\}$ das verwendete Kodealphabet. Im Unterschied zum vorhergehenden Abschnitt werden jetzt nicht Quellwörter der Länge N mit Kodewörtern fester Länge L kodiert, sondern jeder Buchstabe des Alphabets $\mathcal{X}$

mit einem Kodewort variabler Länge über dem Alphabet $\mathcal{Y}$. Um die Anzahl zu übertragender Symbole klein zu halten, sollten häufig auftretende Buchstaben des Quellalphabets mit kurzen Kodewörtern und selten auftretende mit längeren Kodewörtern kodiert werden. Im Morsealphabet zum Beispiel wird der häufig anzutreffende Buchstabe **e** mit '·' und das selten auftretende **q** mit '·· — —' kodiert. Hiermit wird das Ziel verfolgt, die Kodewortlänge im Mittel möglichst klein zu halten.

In einem zweiten Schritt werden dann Blöcke aus Quellbuchstaben nach den gleichen Prinzipien mit Kodewörtern variabler Länge kodiert. Dies führt zu den sogenannten Blockkodes.

Definition 4.2. *(Kode, Kodewort)*
Seien $\mathcal{X} = \{x_1, \ldots, x_m\}$ ein Quellalphabet, $\mathcal{Y} = \{y_1, \ldots, y_d\}$ ein Kodealphabet und

$$g : \mathcal{X} \to \bigcup_{\ell=1}^{\infty} \mathcal{Y}^\ell : x_j \mapsto (w_{j1}, \ldots, w_{jn_j}),$$

wobei $w_{jk} \in \mathcal{Y}$, $j = 1, \ldots, m$, $k = 1, \ldots, n_j$, $n_j \in \mathbb{N}$, eine injektive Abbildung. $g(x_j) = (w_{j1}, \ldots, w_{jn_j})$ heißt Kodewort des Buchstabens $x_j \in \mathcal{X}$. n_j heißt Länge des Kodewortes. g heißt Kode oder Kodierung mit Kodewortmenge $\mathcal{K} = g(\mathcal{X}) = \{g(x_1), \ldots, g(x_m)\}$.

Durch den Kode g steht für jeden Quellbuchstaben ein Kodewort aus $\bigcup_{\ell=1}^{\infty} \mathcal{Y}^\ell$ zur Verfügung. Zur Kodierung von ganzen Wörtern über dem Quellalphabet werden die Kodewörter der entsprechenden Buchstaben einfach aneinandergehängt. Hierbei ist wichtig, daß aus einer solchen Verkettung die einzelnen Kodewörter wieder identifiziert werden können. Mit Kodes, die diese Eigenschaft besitzen, wird vermieden, daß bei der Übertragung von mehreren Kodewörtern hintereinander diese durch ein besonderes Symbol voneinander getrennt werden müssen.

Definition 4.3. *(eindeutig dekodierbar)*
Ein Kode g heißt eindeutig dekodierbar (kurz: e.d., englisch: uniquely decodable, uniquely decipherable), wenn die Abbildung

$$G : \bigcup_{\ell=1}^{\infty} \mathcal{X}^\ell \to \bigcup_{\ell=1}^{\infty} \mathcal{Y}^\ell : (a_1, \ldots, a_N) \mapsto (g(a_1), \ldots, g(a_N))$$

injektiv ist. $\big(g(a_1),\ldots,g(a_N)\big)$ ist dabei als Verkettung oder Konkatenation der Kodewörter $g(a_1),\ldots,g(a_N)$ zu lesen.

Im allgemeinen ist es schwierig festzustellen, ob ein Kode eindeutig dekodierbar ist. Nützlich für die Konstruktion solcher Kodes sind daher hinreichende Bedingungen für eindeutige Dekodierbarkeit. Die folgende Klasse der präfixfreien Kodes ist insbesondere unter Implementationsaspekten von besonderer Bedeutung.

Definition 4.4. *(Präfix, präfixfrei)*
$b = (b_1,\ldots,b_r)$ *und* $c = (c_1,\ldots,c_s) \in \bigcup_{\ell=1}^{\infty} \mathcal{Y}^\ell$, $r \le s$, *seien Kodewörter.*
b *heißt Präfix von* c, *wenn ein* $d = (d_1,\ldots,d_{s-r}) \in \bigcup_{\ell=0}^{\infty} \mathcal{Y}^\ell$ *existiert mit* $c = (b_1,\ldots,b_r,d_1,\ldots,d_{s-r})$. *Ein Kode heißt präfixfrei (kurz: PF-Kode, englisch: prefix code, instantaneous code), wenn kein Kodewort aus* $\{g(x_1),\ldots,g(x_m)\}$ *Präfix eines anderen ist.*

Lemma 4.1.   *PF-Kodes sind eindeutig dekodierbar.*

Beweis. Dem Beweis liegt die folgende Idee zugrunde. Suche die Folge der Kodebuchstaben von der ersten Stelle (d.h. von links) beginnend ab, bis das erste Kodewort identifiziert ist. Dieses ist aufgrund der Präfixfreiheit eindeutig. Fahre mit dem Rest der Folge genauso fort.
Zu zeigen ist, daß für alle $N, M \in \mathbb{N}$, $(a_1,\ldots,a_N)$, $(b_1,\ldots,b_M) \in \bigcup_{\ell=1}^{\infty} \mathcal{X}^\ell$

$$(g(a_1),\ldots,g(a_N)) = (g(b_1),\ldots,g(b_M))$$
$$\Rightarrow N = M \text{ und } (a_1,\ldots,a_N) = (b_1,\ldots,b_M),$$

also die Injektivität von G. Angenommen, es gilt $|g(a_1)| < |g(b_1)|$, wobei $|\cdot|$ die Länge eines Wortes bezeichnet. Dann ist $g(a_1)$ Präfix von $g(b_1)$. Dies ist ein Widerspruch zur Präfixfreiheit von g. Analog ist $|g(a_1)| \not> |g(b_1)|$. Also gilt $|g(a_1)| = |g(b_1)|$, folglich $g(a_1) = g(b_1)$ und wegen der Injektivität von g folgt $a_1 = b_1$. Mit Induktion ergibt sich $g(a_\ell) = g(b_\ell)$ für alle $\ell = 1,\ldots,N$, so daß $a_\ell = b_\ell$ und $N = M$. ∎

Beispiel 4.3. Für das Alphabet $\mathcal{X} = \{x_1,\ldots,x_4\}$ betrachten wir die in folgender Tabelle definierten Abbildungen $g_1,\ldots,g_4 : \mathcal{X} \to \{0,1\}^N$.

	g_1	g_2	g_3	g_4
x_1	0	0	0	0
x_2	0	1	10	01
x_3	1	00	110	011
x_4	10	11	111	0111

Man sieht sofort, daß g_1 nicht injektiv, also kein Kode ist. g_2 ist ein binärer Kode, ist aber nicht eindeutig dekodierbar, denn sowohl $(x_2, x_2) \to (1,1)$ als auch $(x_4) \to (1,1)$. Durch paarweise Vergleiche zeigt man, daß g_3 ein eindeutig dekodierbarer PF-Kode ist. g_4 ist nicht präfixfrei, aber eindeutig dekodierbar. 0 dient bei diesem Kode als Trennzeichen.   ∎

Die Frage, wann zu einem Quellalphabet $\mathcal{X} = \{x_1, \ldots, x_m\}$, Kodealphabet $\mathcal{Y} = \{y_1, \ldots, y_d\}$ und zu Kodewortlängen $n_1, \ldots, n_m \in \mathbb{N}$ ein eindeutig dekodierbarer Kode mit den Wortlängen $n_1, \ldots, n_m$ existiert, wird durch den folgenden Satz beantwortet.

Satz 4.3.   *(a) McMillan (1959), b) Kraft (1949))*

a) *Für alle eindeutig dekodierbaren Kodes mit Kodewortlängen $n_1, \ldots, n_m$ gilt $\sum_{j=1}^{m} d^{-n_j} \leq 1$.*

b) *Gilt umgekehrt für Zahlen $n_1, \ldots, n_m \in \mathbb{N}$, daß $\sum_{j=1}^{m} d^{-n_j} \leq 1$, so existiert ein PF-Kode, also ein e.d. Kode mit Kodewortlängen $n_1, \ldots, n_m$.*

Beweis.   a) Sei g e.d. mit Kodewortlängen $n_1, \ldots, n_m \in \mathbb{N}$. Es bezeichne $r = \max_{1 \leq i \leq m} n_i$ und $\beta_\ell = |\{j \mid n_j = \ell\}|$ die Anzahl der Kodewörter mit Länge ℓ. Dann gilt für alle $k \in \mathbb{N}$

$$\left(\sum_{j=1}^{m} d^{-n_j} \right)^k = \left(\sum_{\ell=1}^{r} \beta_\ell d^{-\ell} \right)^k = \sum_{\ell=k}^{k \cdot r} \gamma_\ell \cdot d^{-\ell},$$

wobei

$$\gamma_\ell = \sum_{\substack{1 \leq i_1, \ldots, i_k \leq r \\ i_1 + \ldots + i_k = \ell}} \beta_{i_1} \cdots \beta_{i_k}, \quad \ell = k, \ldots, k \cdot r.$$

γ_ℓ ist die Anzahl der Quellwörter der Länge k, die bei Verwendung von g Kodewortlänge ℓ haben. Andererseits ist d^ℓ die Anzahl aller Kodewörter der

Länge ℓ. Da g eindeutig dekodierbar also injektiv ist, besitzt jedes Kodewort höchstens ein Quellwort. Folglich ist $\gamma_\ell \leq d^\ell$ für alle $\ell = k, \ldots, k \cdot r$. Für alle $k \in \mathbb{N}$ gilt also

$$\left(\sum_{j=1}^{m} d^{-n_j} \right)^k \leq \sum_{\ell=k}^{kr} d^\ell d^{-\ell} = kr - k + 1 \leq kr$$

und durch Grenzübergang $k \to \infty$

$$\sum_{j=1}^{m} d^{-n_j} \leq (kr)^{1/k} \to 1 \quad (k \to \infty).$$

Hieraus folgt Behauptung a).

b) Ohne Einschränkung der Allgemeinheit können wir annehmen, daß $n_1 \leq n_2 \leq \ldots \leq n_m$. Ansonsten können die Quellbuchstaben entsprechend umnumeriert werden. Gelte $\sum_{j=1}^{m} d^{-n_j} \leq 1$. Wir führen den Beweis konstruktiv und geben einen PF-Kode mit Wortlängen $n_1, \ldots, n_m$ an. Bezeichne hierzu

$$\mathcal{N}(\boldsymbol{a}) = \{ \boldsymbol{b} \in \mathcal{Y}^{n_m} \mid \boldsymbol{a} \text{ ist Präfix von } \boldsymbol{b} \}.$$

$\mathcal{N}(\boldsymbol{a})$ ist die Menge aller Fortsetzungen von $\boldsymbol{a}$ zu einem Wort der Länge n_m. Wähle nun $\boldsymbol{z}_1 \in \mathcal{Y}^{n_1}$ beliebig. Offensichtlich gilt $|\mathcal{N}(\boldsymbol{z}_1)| = d^{n_m - n_1}$, und falls $m \geq 2$,

$$d^{n_m - n_1} < d^{n_m}.$$

Also ist $\mathcal{Y}^{n_m} \backslash \mathcal{N}(\boldsymbol{z}_1) \neq \emptyset$.

Hieraus folgt, daß ein $\boldsymbol{z}_2 \in \mathcal{Y}^{n_2}$ derart existiert, daß $\boldsymbol{z}_1$ kein Präfix von $\boldsymbol{z}_2$ ist. Es gilt $|\mathcal{N}(\boldsymbol{z}_2)| = d^{n_m - n_2}$. Falls also $m \geq 3$, hat man

$$d^{n_m - n_1} + d^{n_m - n_2} < \sum_{j=1}^{m} d^{n_m - n_j} = d^{n_m} \sum_{j=1}^{m} d^{-n_j} \leq d^{n_m}$$

wegen der Voraussetzung $\sum_{j=1}^{m} d^{-n_j} \leq 1$. Also ist $\mathcal{Y}^{n_m} \backslash \left(\mathcal{N}(\boldsymbol{z}_1) \cup \mathcal{N}(\boldsymbol{z}_2) \right) \neq \emptyset$.

Damit existiert $\boldsymbol{z}_3 \in \mathcal{Y}^{n_3}$ so, daß weder $\boldsymbol{z}_1$ noch $\boldsymbol{z}_2$ Präfix von $\boldsymbol{z}_3$ sind. Die m-fache Anwendung dieses Verfahrens liefert eine präfixfreie Menge $\mathcal{K} = \{ \boldsymbol{z}_1, \ldots, \boldsymbol{z}_m \}$. Der gesuchte Kode g wird nun durch $g(x_j) = \boldsymbol{z}_j$, $j = 1, \ldots, m$ festgelegt. Er ist präfixfrei, also eindeutig dekodierbar, womit b) bewiesen ist.   ∎

Beispiel 4.4. (Konstruktion eines PF-Kodes mit gegebenen Wortlängen)
Für die Zahlenwerte $m = 6$, $d = 2$ und $n_1 = n_2 = 2$, $n_3 = n_4 = n_5 = 3$,
$n_6 = 4$ gilt $\sum_{j=1}^{6} 2^{-n_j} = 2 \cdot \frac{1}{4} + 3 \cdot \frac{1}{8} + \frac{1}{16} = \frac{15}{16} < 1$. Also existiert ein
binärer PF-Kode, der wie im Beweis von Satz 4.3 b) konstruiert wird. Mit
Hilfe eines binären Kodebaums, dessen Tiefe der maximalen Kodewortlänge
$n_6 = 4$ entspricht, kann das Prinzip übersichtlich dargestellt werden.

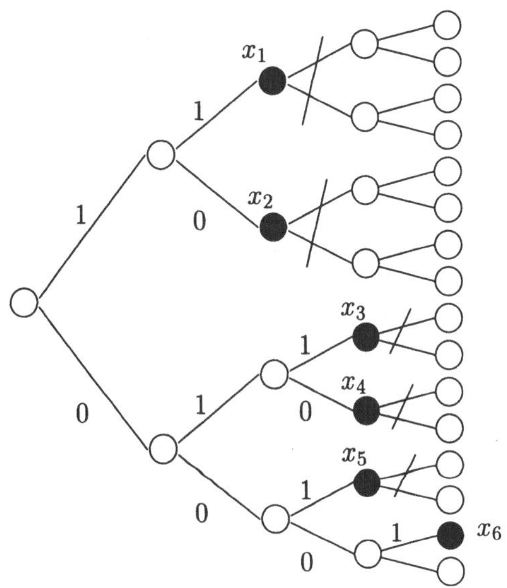

Zunächst wird ein beliebiger Knoten der Tiefe 2 ausgewählt, der ein Kodewort für x_1 repräsentiert. 'Nach oben' wird hierbei als 1 und 'nach unten' als
0 gelesen. In dem oben dargestellten Baum ergibt sich $(1,1)$ als Kodewort
für x_1. Alle Nachfolgerknoten würden den mit x_1 markierten Knoten als
Präfix haben, sie werden als mögliche Kodewörter ausgeschieden. Dies ist
durch den schrägen Strich durch den entsprechenden Teilbaum angedeutet.
Mit $x_2, \ldots, x_6$ verfährt man entsprechend. Die Existenz von verbleibenden
Knoten wird durch den Beweis von Satz 4.3 b) sichergestellt. Nachdem alle
6 Buchstaben im Baum untergebracht sind, erhält man den in der folgenden
Tabelle dargestellten Kode.

x_i	x_1	x_2	x_3	x_4	x_5	x_6
$g(x_i)$	11	10	011	010	001	0001

Dieser ist nicht eindeutig, er ist auch nicht optimal. x_6 hätte durch den untersten Knoten der Tiefe 3, also $(0,0,0)$, kodiert werden können, ohne die Präfixfreiheit zu stören. In der Tat ist $2 \cdot 2^{-2} + 4 \cdot 2^{-3} = 1$, die hinreichende Bedingung für die Existenz eines PF-Kodes aus Satz 4.3 b) ist also auch für die Kodewortlängen $n_1 = n_2 = 2$ und $n_3 = n_4 = n_5 = n_6 = 3$ erfüllt. ∎

Die Güte einer Kodierung wird im folgenden durch die erwartete Kodewortlänge gemessen. Sei X eine diskrete gedächtnislose Quelle und g ein Kode. Die Zufallsvariable

$$N_g : \mathcal{X} \to \mathbb{N} : x_j \mapsto n_j$$

bildet den Quellbuchstaben x_j auf die Länge des zugehörigen Kodeworts unter der Kodierung g ab. Die erwartete Kodewortlänge, bezeichnet mit $\bar{n}(g)$ beträgt dann

$$\bar{n}(g) = \mathrm{E}(N_g) = \sum_{j=1}^{m} n_j P(X = x_j).$$

Ziel ist es, einen eindeutig dekodierbaren Kode g^* mit kürzester erwarteter Kodewortlänge zu finden, d.h. mit der Eigenschaft $\bar{n}(g^*) \leq \bar{n}(g)$ für alle e.d. Kodes g.

Der folgende wichtige Satz gibt eine obere und untere Schranke für die erwartete Kodewortlänge eindeutig dekodierbarer Kodes an.

Satz 4.4.   (*Noiseless Coding Theorem, Shannon (1948)*)
Sei X eine diskrete gedächtnislose Quelle mit Alphabet $\mathcal{X} = \{x_1, \ldots, x_m\}$ und Entropie $H(X) > 0$. $\mathcal{Y} = \{y_1, \ldots, y_d\}$, $d \geq 2$, sei ein Kodealphabet.

a) *Für alle e.d. Kodes g gilt $\frac{H(X)}{\log d} \leq \bar{n}(g)$.*

b) *Es existiert ein PF-Kode g mit $\bar{n}(g) < \frac{H(X)}{\log d} + 1$.*

Beweis. a) Zur Abkürzung wird $p_j = P(X = x_j)$ gesetzt, $j = 1, \ldots, m$. Für alle e.d. Kodes g folgt dann mit Satz 4.3 a) und der Ungleichung $\ln z \leq z - 1$, falls $z > 0$, daß

$$H(X) - \bar{n}(g) \log d = \sum_{j=1}^{m} p_j \log \frac{1}{p_j} - \sum_{j=1}^{m} p_j n_j \log d$$

$$= \sum_{j=1}^{m} p_j \log \left(\frac{d^{-n_j}}{p_j} \right) \leq (\log e) \sum_{j:p_j>0} p_j \left(\frac{d^{-n_j}}{p_j} - 1 \right)$$

$$\leq (\log e) \left(\sum_{j=1}^{m} d^{-n_j} - 1 \right) \leq 0.$$

Durch Auflösen nach $\bar{n}(g)$ folgt die Ungleichung a).

b) Wir weisen die Existenz eines PF-Kodes mit den gewünschten Eigenschaften nach. Wähle n_j so, daß $d^{-n_j} \leq p_j < d^{-n_j+1}$, $j = 1, \ldots, m$. Hierbei kann ohne Einschränkung der Allgemeinheit angenommen werden, daß $p_j > 0$ für alle j. Es folgt $\sum_{j=1}^{m} d^{-n_j} \leq \sum_{j=1}^{m} p_j = 1$. Wegen Satz 4.3 b) existiert ein PF-Kode g mit Wortlängen $n_1, \ldots, n_m$. Nach Konstruktion gilt für diesen Kode $\log p_j < (-n_j + 1) \log d$, so daß

$$\sum_{j=1}^{m} p_j \log p_j < (\log d) \sum_{j=1}^{m} p_j(-n_j + 1).$$

Dies bedeutet $H(X) > (\log d)(\bar{n}(g) - 1)$, und b) folgt nach Auflösen dieser Ungleichung. ∎

Man beachte, daß bei Satz 4.4 die Gedächtnislosigkeit, also die stochastische Unabhängigkeit der Zufallsvariablen, keine Rolle spielt. Die Abhängigkeitsstruktur wird erst bei der Blockkodierung von Quellen relevant.

Ferner geht die Wahl der Basis des Logarithmus bei der Entropie in die Ungleichungen als multiplikative Konstante ein. Wird als Basis die Mächtigkeit des Kodealphabets d gewählt, gilt $\log d = 1$, so daß der normierende Faktor $\log d$ in a) und b) verschwindet.

Satz 4.4 beantwortet auch die Frage aus Beispiel 4.1, wenn man ja/nein-Fragestrategien mit binären Kodierungen g identifiziert. Bei Verwendung von Logarithmen zur Basis 2 gilt für die erwartete Anzahl von Fragen $E(Z)$, daß $H(X) \leq E(Z) = \bar{n}(g)$ für alle zum Ziel führenden, d.h. eindeutig dekodierbaren Fragestrategien.

Gegeben sei nun eine Quelle X mit Wahrscheinlichkeiten $p_1, \ldots, p_m$, wobei $p_j = P(X = x_j)$. Wählt man $n_j = \lceil -\log p_j / \log d \rceil$, $j = 1, \ldots, m$, so gilt $\sum_{j=1}^m d^{-n_j} \leq 1$. Nach Satz 4.4 b) existiert ein PF-Kode g mit Wortlängen $n_1, \ldots, n_m$ und $\bar{n}(g) < H(X)/\log d + 1$, der höchstens um 1 (Bit) schlechter als der bestmögliche Wert $H(X)/\log d$ ist. Die Konstruktion eines präfixfreien Kodes mit $\sum_{j=1}^m d^{-n_j} \leq 1$ wurde im Beweis von Satz 4.3 b) vorgeführt. Explizit bestimmt man den zugehörigen Kode mit Hilfe eines Kodebaums wie in Beispiel 4.4. Der nach diesem Verfahren zu gegebenen Wahrscheinlichkeiten $p_1, \ldots, p_m$ konstruierte Kode $\hat{g}$ heißt *Shannon-Fano-Kode*. Er hat die Eigenschaft $\bar{n}(\hat{g}) \leq H(X)/\log d + 1$.

Die bisher entwickelten Methoden lassen sich genauso zur Kodierung von Wörtern über dem Alphabet $\mathcal{X}$ einsetzen. Blöcke $(a_1, \ldots, a_N) \in \mathcal{X}^N$ der Länge N werden dabei als Buchstaben des zusammengesetzten Alphabets $\mathcal{X}^N$ aufgefaßt und mit Kodewörtern variabler Länge kodiert. Hierdurch entstehen sogenannte Blockkodes.

Zur formalen Beschreibung sei $\{X_n\}_{n \in \mathbb{N}}$ eine diskrete gedächtnislose Quelle mit Entropie $H(X)$ und zugehörigem Alphabet $\mathcal{X} = \{x_1, \ldots, x_m\}$. Der Zufallsvektor $\boldsymbol{X}_N = (X_1, \ldots, X_N)$ ist dann eine endlich diskrete Zufallsvariable mit Träger $\mathcal{X}^N$ und stochastisch unabhängigen Komponenten. Für die Entropie gilt mit Satz 3.1 d)

$$H(\boldsymbol{X}_N) = H(X_1) + \cdots + H(X_N) = N \cdot H(X).$$

Ein Kode $g^{(N)} : \mathcal{X}^N \to \bigcup_{\ell=1}^\infty \mathcal{Y}^\ell$ heißt in diesem speziellen Zusammenhang Blockkode. Mit $n(a_1, \ldots, a_N) = \left| g^{(N)}((a_1, \ldots, a_N)) \right|$ wird die Länge des Kodewortes von $(a_1, \ldots, a_N) \in \mathcal{X}^N$ bezeichnet und mit

$$\bar{n}(g^{(N)}) = \sum_{(a_1, \ldots, a_N) \in \mathcal{X}^N} n(a_1, \ldots, a_N) P(X_1 = a_1, \ldots, X_N = a_N)$$

die erwartete Kodewortlänge des Blockkodes $g^{(N)}$. $\bar{n}(g^{(N)})/N$ ist dann die erwartete Kodewortlänge pro Quellbuchstabe. Die Definitionen von eindeutiger Dekodierbarkeit und Präfixfreiheit werden entsprechend auf das zusammengesetzte Alphabet $\mathcal{X}^N$ übertragen.

Satz 4.5. *(Blockkodierung)*
$\{X_n\}_{n \in \mathbb{N}}$ sei eine diskrete gedächtnislose Quelle mit dem Alphabet $\mathcal{X} = \{x_1, \ldots, x_m\}$ und Entropie $H(X)$. $\mathcal{Y} = \{y_1, \ldots, y_d\}$, $d \geq 2$, sei ein Kodealphabet und $N \in \mathbb{N}$.

a) *Für alle e.d. Blockkodes $g^{(N)}$ gilt* $\dfrac{H(X)}{\log d} \leq \dfrac{\bar{n}(g^{(N)})}{N}$.

b) *Es existiert ein präfixfreier Blockkode $g^{(N)}$ mit* $\dfrac{\bar{n}(g^{(N)})}{N} < \dfrac{H(X)}{\log d} + \dfrac{1}{N}$.

Beweis. Zu beachten ist lediglich, daß Blockkodes Kodes über dem Alphabet $\mathcal{X}^N$ sind. Mit Satz 4.4 gilt für alle e.d. Kodes $g^{(N)}$, daß $\bar{n}(g^{(N)}) \geq \dfrac{H(X_1,...,X_N)}{\log d} = \dfrac{N \cdot H(X)}{\log d}$. Nach Division durch N folgt Behauptung a).

Ferner existiert ein präfixfreier Kode $g^{(N)}$ mit $\bar{n}(g^{(N)}) < \dfrac{H(X_1,...,X_N)}{\log d} + 1 = \dfrac{N \cdot H(X)}{\log d} + 1$. Division durch N liefert Behauptung b). ∎

Für jedes $N \in \mathbb{N}$ existiert also ein eindeutig dekodierbarer Blockkode mit

$$\frac{H(X)}{\log d} \leq \frac{\bar{n}(g^{(N)})}{N} < \frac{H(X)}{\log d} + \frac{1}{N}.$$

Durch Limesbildung $N \to \infty$ folgt sofort das folgende

Korollar 4.1. *Es existieren Folgen $\left\{g^{(N)}\right\}_{N \in \mathbb{N}}$ von eindeutig dekodierbaren Blockkodes mit*

$$\lim_{N \to \infty} \frac{\bar{n}(g^{(N)})}{N} = \frac{H(X)}{\log d}.$$

Für genügend große N existiert also ein eindeutig dekodierbarer Blockkode $g^{(N)}$, dessen Effizienz (im Sinn der erwarteten Kodewortlänge pro Quellbuchstabe) nahezu optimal ist. Durch Satz 4.5 und Korollar 4.1 werden die Behauptungen in Beispiel 4.2 für binäre Blockfragestrategien gezeigt.

Wieder erweist sich die (mit $\log d$ normierte) Entropie als das richtige Maß für Unbestimmtheit. Sie ist eine untere Schranke für die erwartete Kodewortlänge jedes eindeutig dekodierbaren Kodes, die zum Beispiel mit Shannon-Fano-Blockkodes asymptotisch erreicht wird.

Das Noiseless Coding Theorem, Satz 4.4, besagt $H(X)/\log d \leq \bar{n}(g)$ für alle eindeutig dekodierbaren Kodes g. Kein eindeutig dekodierbarer Kode kann also eine kürzere erwartete Kodewortlänge als $H(X)/\log d$ besitzen. Kodes g^*, die diese Schranke erreichen, für die also $\bar{n}(g^*) = H(X)/\log d$ gilt, heißen *absolut optimal*.

Eine notwendige und hinreichende Bedingung für Gleichheit ist $p_j = d^{-n_j}$ für alle $j \in \{1,\dots,m\}$ mit $p_j > 0$. Dies zeigt der Beweis von Satz 4.4 a).

Es folgt, daß kein absolut optimaler Kode existiert, falls ein p_j irrational ist. Dennoch existieren Kodes kürzester erwarteter Kodewortlänge, deren Konstruktion unser nächstes Ziel ist.

Definition 4.5. *(optimaler Kode)*
Ein eindeutig dekodierbarer Kode g^* mit Wortlängen $n_1^*, \ldots, n_m^*$ heißt optimal (englisch: compact), wenn

$$\bar{n}(g^*) = \sum_{i=1}^{m} p_i n_i^* \le \sum_{i=1}^{m} p_i n_i = \bar{n}(g)$$

für alle e.d. Kodes g mit Wortlängen $n_1, \ldots, n_m$.

Aus Satz 4.3 folgt

$$\{(n_1, \ldots, n_m) \mid n_1, \ldots n_m \text{ sind Wortlängen eines e.d. Kodes}\}$$
$$= \{(n_1, \ldots, n_m) \mid n_i \in \mathbb{N}, \sum_{j=1}^{m} d^{-n_j} \le 1\}.$$

Zur Bestimmung eines optimalen Kodes für eine Quelle mit Wahrscheinlichkeiten $p_1, \ldots, p_m$ ist also das folgende Optimierungsproblem zu lösen.

$$\text{minimiere } \sum_{j=1}^{m} p_j n_j \text{ über alle } n_1, \ldots, n_m \in \mathbb{N} \text{ mit } \sum_{j=1}^{m} d^{-n_j} \le 1 \quad (4.3)$$

In einem ersten Lösungsansatz wird das relaxierte Problem mit stetigen Variablen $z_1, \ldots, z_m \in \mathbb{R}$ betrachtet.

$$\text{minimiere } \sum_{j=1}^{m} p_j z_j \text{ über alle } z_1, \ldots, z_m \in \mathbb{R} \text{ mit } \sum_{j=1}^{m} d^{-z_j} \le 1 \quad (4.4)$$

Offensichtlich wird das Minimum bei $\sum_{j=1}^{m} d^{-z_j} = 1$ angenommen. Ein Lagrange-Ansatz mit der Lagrangefunktion

$$L(z_1, \ldots, z_m, \lambda) = \sum_{j=1}^{m} p_j z_j + \lambda \left(\sum_{j=1}^{m} d^{-z_j} - 1 \right)$$

und den zu Null gesetzten partiellen Ableitungen

$$\frac{\partial L}{\partial z_i} = p_i - \lambda(\ln d)d^{-z_i} = 0, \quad i = 1,\dots,m,$$

$$\frac{\partial L}{\partial \lambda} = \sum_{j=1}^{m} d^{-z_j} - 1 = 0$$

hat als Lösung

$$\lambda = 1/\ln d \quad \text{und} \quad d^{-z_i} = p_i, \ i = 1,\dots,m.$$

Falls $p_i > 0$ für alle $i = 1,\dots,m$, folgt als notwendige Bedingung für eine Minimalstelle von (4.4)

$$z_i^* = -\ln p_i/\ln d, \ i = 1,\dots,m.$$

Sind $z_1,\dots,z_m$ ganzzahlig, liegt in der Tat eine Lösung von (4.3) vor, da die untere Schranke $H(X)/\log d$ in Satz 4.3 a) erreicht wird.

In der Regel wird jedoch keine Ganzzahligkeit vorliegen. Dennoch besitzt das diskrete Optimierungsproblems (4.3) stets eine optimale Lösung $n_1^*,\dots,n_m^*$ mit einem zugehörigen Kode g^*. Der Nachweis der Existenz wird als Übungsaufgabe 4.7 empfohlen. Die zugehörige erwartete Kodewortlänge eines optimalen Kodes

$$\bar{n}(g^*) = \min\{\bar{n}(g) \mid g \text{ ist ein e.d. Kode}\}$$

heißt reale Entropie der Quelle. Mit Korollar 4.1 folgt für optimale Blockkodes $g^{(N)*}$ bei diskreten gedächtnislosen Quellen, daß

$$\lim_{N\to\infty} \frac{1}{N} \bar{n}\left(g^{(N)*}\right) = \frac{H(X)}{\log d},$$

d.h. die normierte reale Entropie von optimalen Blockkodes konvergiert mit wachsender Blocklänge gegen die Entropie $H(X)$.

Im folgenden wird ein Verfahren zur expliziten Bestimmung optimaler Kodes hergeleitet, d.h. ein Algorithmus zur Lösung von (4.3). Mit Satz 4.3 ist klar, daß zu jedem eindeutig dekodierbaren Kode ein präfixfreier Kode mit denselben Kodewortlängen existiert. Es reicht also, einen optimalen Kode in der Menge der präfixfreien zu suchen.

Wir beschränken uns im weiteren auf den Fall binärer Kodes, d.h. $d = 2$ und $\mathcal{Y} = \{0, 1\}$. Für eine diskrete Quelle X mit Alphabet $\mathcal{X} = \{x_1, \ldots, x_m\}$ bezeichne $p_i = P(X = x_i)$, $i = 1, \ldots, m$. Im folgenden Lemma wird die Existenz von optimalen, binären präfixfreien Kodes nachgewiesen, bei denen die Wahrscheinlichkeiten p_i und die Kodewortlängen gegenläufig geordnet sind.

Lemma 4.2. *X sei eine diskrete Quelle mit Alphabet $\mathcal{X} = \{x_1, \ldots, x_m\}$ und Wahrscheinlichkeiten $p_1 \geq \cdots \geq p_m > 0$. Dann existiert ein optimaler, binärer präfixfreier Kode h mit Kodewortlängen $\ell_1, \ldots, \ell_m$, derart daß*

(i) $\ell_1 \leq \cdots \leq \ell_m$,

(ii) $\ell_{m-1} = \ell_m$,

(iii) $h(x_{m-1})$ *und* $h(x_m)$ *unterscheiden sich nur in der letzten Stelle.*

Beweis. h sei ein optimaler, binärer PF-Kode mit Wortlängen $\ell_1, \ldots, \ell_m$. Falls $p_i > p_j$ für $1 \leq i < j \leq m$, gilt $\ell_i \leq \ell_j$. Ansonsten tauscht man die Kodewörter $h(x_i)$ und $h(x_j)$ aus und erhält hierdurch einen Kode h' mit

$$\bar{n}(h') - \bar{n}(h) = p_i \ell_j + p_j \ell_i - p_i \ell_i - p_j \ell_j = (p_i - p_j)(\ell_j - \ell_i) < 0,$$

im Widerspruch zur Optimalität von h. Falls $p_i = p_j$ und $\ell_i > \ell_j$, erhält man durch Austauschen der Kodewörter $h(x_i)$ und $h(x_j)$ einen Kode h' mit $\bar{n}(h) = \bar{n}(h')$. Durch endlich viele solcher Austauschschritte ergibt sich ein optimaler PF-Kode, der (i) erfüllt.

Nach (i) existiert ein optimaler PF-Kode h mit $\ell_1 \leq \cdots \leq \ell_m$. Gilt $\ell_{m-1} < \ell_m$, erhält man durch Streichen der letzten $(\ell_m - \ell_{m-1})$ Komponenten des Kodeworts $h(x_m)$ einen PF-Kode h' mit $\bar{n}(h') < \bar{n}(h)$, im Widerspruch zur Optimalität von h. Dies zeigt (ii).

Angenommen für einen optimalen PF-Kode h mit $\ell_1 \leq \cdots \leq \ell_{m-1} = \ell_m$ unterscheiden sich je zwei Kodewörter der Länge ℓ_m bereits in den ersten $\ell_m - 1$ Stellen. Dann erhält man wegen der Präfixfreiheit durch Streichen der letzten Komponente bei den Kodewörtern der Länge ℓ_m einen Kode h' mit $\bar{n}(h') < \bar{n}(h)$. Hieraus folgt Eigenschaft (iii). $\blacksquare$

Das folgende Lemma zeigt, wie ein optimaler Kode durch Anhängen einer 0 bzw. 1 an das längste Kodewort zu einem optimalen Kode für eine Quelle mit einem zusätzlichen Buchstaben aufgefaltet werden kann, vorausgesetzt die Wahrscheinlichkeiten der beiden Quellen sind geeignet verknüpft.

Lemma 4.3. *Sei X eine diskrete Quelle mit Alphabet $\mathcal{X} = \{x_1, \ldots, x_m\}$ und Wahrscheinlichkeiten $p_1 \geq \ldots \geq p_m > 0$. X' sei eine diskrete Quelle mit $\mathcal{X}' = \{x'_1, \ldots, x'_{m-1}\}$, $p'_j = p_j$, $j = 1, \ldots, m-2$ und $p'_{m-1} = p_{m-1} + p_m$. g' mit Kodewortmenge $\mathcal{K}' = \{g'(x'_1), \ldots, g'(x'_{m-1})\}$ sei ein optimaler binärer PF-Kode für X'. Dann ist der Kode g mit $g(x_j) = g'(x'_j)$, falls $j = 1, \ldots, m-2$, $g(x_{m-1}) = (g'(x_{m-1}), 0)$ und $g(x_m) = (g'(x_{m-1}), 1)$ ein optimaler PF-Kode für X.*

Beweis. Bezeichne n_j und n'_j die Kodewortlängen von g bzw. g'. Dann gilt

$$
\begin{aligned}
\bar{n}(g) &= \sum_{j=1}^{m-2} p_j n'_j + (p_{m-1} + p_m)(n'_{m-1} + 1) \\
&= \sum_{j=1}^{m-2} p'_j n'_j + p'_{m-1}(n'_{m-1} + 1) \\
&= \sum_{j=1}^{m-1} p'_j n'_j + p_{m-1} + p_m = \bar{n}(g') + p_{m-1} + p_m.
\end{aligned}
\tag{4.5}
$$

Angenommen g ist nicht optimal für X. Dann existiert ein optimaler PF-Kode h für X, $h(x_j) = (w_{j1}, \ldots, w_{j\ell_j})$, der den Bedingungen (i), (ii) und (iii) aus Lemma 4.2 genügt mit $\bar{n}(h) < \bar{n}(g)$. Setze $h'(x'_j) = h(x_j)$, $j = 1, \ldots, m-2$ und durch Streichen der letzten Stelle $h'(x'_{m-1}) = (w_{m-1,1}, \ldots, w_{m-1,\ell_{m-1}})$. h' ist ein binärer PF-Kode für X', und es gilt analog zu (4.5)

$$
\bar{n}(h') + p_{m-1} + p_m = \bar{n}(h) < \bar{n}(g) = \bar{n}(g') + p_{m-1} + p_m.
$$

Es folgt $\bar{n}(h') < \bar{n}(g')$, im Widerspruch zur Optimalität von g'. $\blacksquare$

Einen optimalen Kode konstruiert man nun durch rekursive Anwendung von Lemma 4.3 nach folgendem Verfahren. Bestimme eine Folge von Quellen, indem jede aus der vorherigen durch Addition der beiden kleinsten Wahrscheinlichkeiten p_j verkürzt wird. Führe dies rekursiv fort, bis das Alphabet

	p_i	verkürzte Quellen	$g^*(x_i)$
x_1	0.3		11
x_2	0.25		10
x_3	0.25		01
x_4	0.1		001
x_5	0.1		000

Abb. 4.1 Beispiel eines Huffman-Kodes mit binärem Baum.

der aktuellen Quelle aus genau zwei Buchstaben besteht. Kodiere diese optimal mit 0 und 1. Baue mit Lemma 4.3 daraus rekursiv einen optimalen Kode für die ursprüngliche Quelle auf. Dies ist das sogenannte *Huffman-Verfahren*, der zugehörige Kode heißt *Huffman-Kode*.

Beispiel 4.5. (Huffman-Verfahren)
Für eine Quelle mit Alphabet $\{x_1, \ldots, x_5\}$ und Wahrscheinlichkeiten (0.3, 0.25, 0.25, 0.1, 0.1) wird ein Huffman-Kode berechnet. Es empfiehlt sich, die sukzessive verkürzten Quellen durch einen binären Baum darzustellen, dessen Knoten mit den jeweils addierten Wahrscheinlichkeiten markiert werden. Für obiges Beispiel ergibt sich die Graphik aus Abbildung 4.1, in der durch Rückwärtsgehen der Huffman-Kode abgelesen werden kann. Dieser ist in der rechten Spalte unter $g^*(x_i)$ vermerkt. ∎

Ein einfach zu implementierendes Verfahren, das allerdings nicht notwendig einen optimalen Kode liefert, ist die Fano-Kodierung. Die Idee hierzu stammt aus der folgenden Zerlegung der Entropie einer Quelle X mit Wahrscheinlichkeiten $p_1, \ldots, p_m$.

Betrachtet wird ein PF-Kode $g : \mathcal{X} = \{x_1, \ldots, x_m\} \to \bigcup_{\ell=1}^{\infty}\{0,1\}^{\ell}$ mit zugehörigen Kodewörtern $g(x_1), \ldots, g(x_m)$ und Wortlängen $n_1, \ldots, n_m \in \mathbb{N}$. Es bezeichne $r = \max_{1 \leq i \leq m} n_i$. Um eine konstante Länge zu erreichen, werden alle Kodewörter $g(x_i)$ durch Auffüllen mit Nullen zu Kodewörtern der Länge r ergänzt, und zwar

$$y_i = \big(\underbrace{g(x_i)}_{n_i}, \underbrace{0,\ldots,0}_{r-n_i}\big) \in \{0,1\}^r, \quad i=1,\ldots,m.$$

$\tilde{g}: \mathcal{X} \to \{0,1\}^r : x_i \mapsto y_i$ ist dann ebenfalls ein präfixfreier Kode.

Der Zufallsvektor Y wird nun durch $Y = (Y_1,\ldots,Y_r) = \tilde{g}(X)$ definiert. Wegen der Injektivität von $\tilde{g}$ gilt $H(X) = H(Y)$ (vgl. Aufgabe 3.5). Mit Lemma 3.2 a) folgt dann die Zerlegung

$$\begin{aligned}
H(X) &= H(Y_1,\ldots,Y_r) \\
&= H(Y_1) + H(Y_2 \mid Y_1) + \ldots + H(Y_r \mid Y_1,\ldots,Y_{r-1}).
\end{aligned} \qquad (4.6)$$

Umgekehrt versucht man, bei der Konstruktion eines Kodes die Entropie der Quelle $H(X)$ mit möglichst wenigen Komponenten $Y_1,\ldots,Y_r$ auszuschöpfen. Wir benötigen zunächst ein vorbereitendes Lemma.

Lemma 4.4. *Für* $(p_1,\ldots,p_m) \in \mathcal{P}_m$ *und* $T \subseteq \{1,\ldots,m\}$ *bezeichne* $\sigma_T = \sum_{i \in T} p_i$. *Dann wird*

$$\max_{T \subseteq \{1,\ldots,m\}} \Big(-\sigma_T \log \sigma_T - (1-\sigma_T)\log(1-\sigma_T)\Big)$$

angenommen für jedes $T^* \subseteq \{1,\ldots,m\}$ *mit* $|\sum_{i \in T^*} p_i - \frac{1}{2}| \le |\sum_{i \in T} p_i - \frac{1}{2}|$ *für alle* $T \subseteq \{1,\ldots,m\}$.

Beweis. $-x \log x - (1-x)\log(1-x)$, $x \in [0,1]$, ist konkav, symmetrisch und maximal für $x^* = \frac{1}{2}$. Bei Maximierung dieser Funktion über eine endliche Menge wird das Maximum für das Argument angenommen, dessen Abstand zu $\frac{1}{2}$ minimal ist. $\blacksquare$

$H(Y_1)$ aus (4.6) wird nun durch Wahl von g bzw. $\tilde{g}$ maximiert. Wir setzen

$$q_0 = P(Y_1 = 0) = P\big((\tilde{g}(X))_1 = 0\big) = \sum_{i:(\tilde{g}(x_i))_1=0} P(X = x_i)$$

und $P(Y_1 = 1) = 1 - q_0$, wobei $(\tilde{g}(X))_1$ die erste Komponente von $g(X)$ bedeutet.

Dann ist $H(Y_1) = -q_0 \log q_0 - (1-q_0)\log(1-q_0)$ maximal bezüglich q_0, falls $\left|\sum_{i \in T_0} p_i - \frac{1}{2}\right|$ minimal ist über alle $T \subseteq \{1,\dots,m\}$ und

$$\left(\tilde{g}(x_i)\right)_1 = \begin{cases} 0, & \text{falls } i \in T_0 \\ 1, & \text{falls } i \notin T_0 \end{cases}.$$

Setze $T_1 = \{1,\dots,m\}\backslash T_0$.

Im nächsten Schritt wird $H(Y_2 \mid Y_1)$ in (4.6) maximiert. Nach Definition 3.3 gilt

$$H(Y_2 \mid Y_1) = P(Y_1 = 0)H(Y_2 \mid Y_1 = 0) + P(Y_1 = 1)H(Y_2 \mid Y_1 = 1).$$

Zu maximieren sind $H(Y_2 \mid Y_1 = 0)$ und $H(Y_2 \mid Y_1 = 1)$. Wir beginnen mit dem ersteren und setzen

$$q_{0|0} = P(Y_2 = 0 \mid Y_1 = 0) = \frac{P(Y_2 = 0,\ Y_1 = 0)}{P(Y_1 = 0)}$$
$$= \sum_{i:(\tilde{g}(x_i))_1=0,\ (\tilde{g}(x_i))_2=0} \frac{p_i}{q_0}$$

sowie $1 - q_{0|0} = P(Y_2 = 1 \mid Y_1 = 0)$. $H(Y_2 \mid Y_1 = 0)$ ist maximal bezüglich $q_{0|0}$, wenn $\left|\sum_{i \in T_{0|0}} p_i/q_0 - \frac{1}{2}\right|$ minimal ist über alle $T_{0|0} \subseteq T_0$ und

$$\left(\tilde{g}(x_i)\right)_2 = \begin{cases} 0, & \text{falls } i \in T_{0|0} \\ 1, & \text{falls } i \in T_0\backslash T_{0|0} = T_{1|0} \end{cases}.$$

Ganz analog ist $H(Y_2 \mid Y_1 = 1)$ maximal bezüglich $q_{0|1}$, wenn $\left|\sum_{i \in T_{0|1}} p_i/(1 - q_0) - \frac{1}{2}\right|$ minimal ist über alle $T_{0|1} \subseteq T_1$ und

$$\left(\tilde{g}(x_i)\right)_2 = \begin{cases} 0, & \text{falls } i \in T_{0|1} \\ 1, & \text{falls } i \in T_1\backslash T_{0|1} = T_{1|1} \end{cases}.$$

Dieses Verfahren der sukzessiven Aufspaltung in Teilmengen mit möglichst gleicher Summe der verbleibenden Wahrscheinlichkeiten wird bei entsprechender Kodierung fortgesetzt bis erstmalig für $k \in \mathbb{N}$

$$H(Y_k \mid Y_1 = y_1,\dots,Y_{k-1} = y_{k-1}) = 0,\quad y_1,\dots,y_{k-1} \in \{0,1\}.$$

Beispiel 4.6. Gegeben sei eine Quelle mit zehnelementigem Alphabet und den in der Tabelle angegebenen Wahrscheinlichkeiten. Berechnet werden ein Fano-Kode g und ein (optimaler) Huffman-Kode g^*.

p_i	Fano-Kode g					Huffman-Kode g^*	
0.3	0	0					1 0
0.2	0	1					0 0
0.1	1	0	0				0 1 0
0.1	1	0	1	0			0 1 1
0.05	1	0	1	1			1 1 0 0 0
0.07	1	1	0	0			1 1 1 0
0.05	1	1	0	1			1 1 0 0 1
0.08	1	1	1	0			1 1 0 1
0.03	1	1	1	1	0		1 1 1 1 0
0.02	1	1	1	1	1		1 1 1 1 1

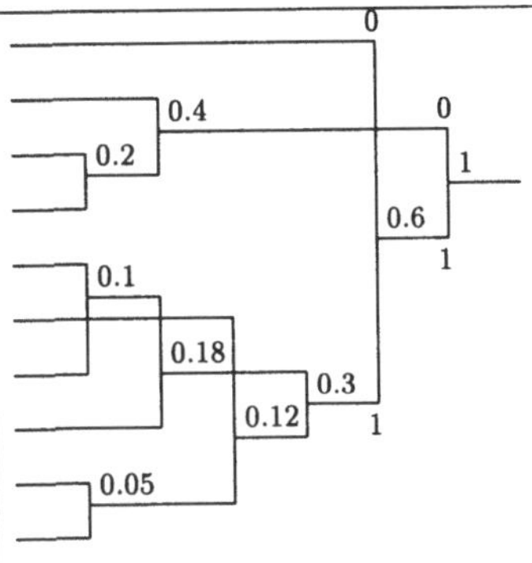

Huffman-Baum (Knotengewichte): 0.4, 0.2, 0.6, 0.1, 0.18, 0.3, 0.12, 0.05.

Es gilt $\bar{n}(g) = 2 \cdot 0.5 + 3 \cdot 0.1 + 4 \cdot 0.35 + 5 \cdot 0.05 = 2.95$ und $\bar{n}(g^*) = 2.95$. Der berechnete Fano-Kode ist also in diesem Fall optimal, da er die gleiche erwartete Kodewortlänge wie g^* erzielt. Bei Verwendung von Logarithmen zur Basis 2 gilt $H(X) = 2.8728 \leq 2.95$.   ■

4.3 Binäre Suchbäume

Mit denselben Prinzipien, die bei der Konstruktion optimaler Kodes verwendet werden, können auch effiziente binäre Suchbäume bestimmt werden. Die Elemente einer endlichen, total geordneten Menge $\mathcal{X}$ werden hierbei so als Knoten eines binären Baumes angeordnet, daß ein vorgegebenes Element von $\mathcal{X}$ durch einen festen Algorithmus in möglichst kurzer Zeit gefunden wird.

Die im vorigen Abschnitt bestimmten binären Kodes lassen sich mit den Knoten eines binären Baums identifizieren, wenn man in der Wurzel eines vollständigen binären Baumes genügend großer Tiefe startet und jede 1 mit der Anweisung "besuche den rechten Nachfolger" und jede 0 mit "besuche den linken Nachfolger" identifiziert. Das j-te Kodewort $(w_{j1}, \ldots, w_{jn_j})$,

$w_{ji} \in \{0,1\}$, wird mit dem Knoten identifiziert, in dem man durch sukzessives Abarbeiten des Kodewortes $(w_{j1}, \ldots, w_{jn_j})$ nach obiger Vorschrift endet. Bei präfixfreien Kodes ist kein Knoten eines binären Baumes Nachfolger eines anderen (vergleiche Beispiel 4.4). Wäre nämlich Knoten ℓ Nachfolger von Knoten k, so müßte das zu k gehörige Kodewort Präfix des zu ℓ gehörigen sein. Dieses "Nachfolgerverbot" wird bei der jetzt folgenden Konstruktion von Suchbäumen aufgegeben und verhindert eine direkte Anwendung der im vorigen Abschnitt erhaltenen Ergebnisse. Verwandte Methoden werden jedoch auch für die neuen Probleme zum Ziel führen.

Zunächst wird der Begriff des binären Suchbaums definiert, wobei die Kenntnis binärer Bäume und ihre Implementation in rekursiver PASCAL-Notation vorausgesetzt wird. Wenn man die Knoten mit einer Teilmenge der natürlichen Zahlen identifiziert, ist ein geeigneter Datentyp

```
TYPE node = RECORD no:   INTEGER;
            left,right:  ↑node                    (4.7)
            END.
```

Definition 4.6. *(binärer Suchbaum)*
$\mathcal{X} = \{x_1, \ldots, x_m\}$, $m \in \mathbb{N}$, $m \geq 2$, *sei eine bezüglich "$<$" vollständig geordnete endliche Menge mit* $x_1 < x_2 < \ldots < x_m$. *Ein binärer Baum T mit Knoten* $\{x_1, \ldots, x_m\}$ *heißt binärer Suchbaum über $\mathcal{X}$, wenn für alle Knoten $x_j \in \mathcal{X}$, für alle Knoten x_i im linken und alle Knoten x_k im rechten Teilbaum mit Wurzel x_j gilt, daß* $x_i < x_j < x_k$.

Die in Abbildung 4.2 dargestellten Bäume T_1 und T_2 sind binäre Suchbäume über der Menge $\mathcal{X} = \{0, 1, 2, \ldots, 9\} \subset \mathbb{N}_0$ mit der Ordnung $0 < 1 < 2 < \ldots < 9$.

Der folgende Algorithmus findet Elemente $x \in \mathcal{X}$ in einem binären Suchbaum T über $\mathcal{X}$ wieder. Beginne mit der Wurzel des Baumes x^*. Ist $x < x^*$, setze $x^* =$ Wurzel des linken Teilbaums, sonst $x^* =$ Wurzel des rechten Teilbaums, bis $x = x^*$ oder ein Nachfolgerbaum leer ist.

Dieser Algorithmus benötigt bis zum Zugriff auf Knoten x_i im Baum T genau $Z_T(x_i) = t_i+1$ Vergleiche, wobei t_i die Tiefe ($=$ Anzahl der Vorgänger) des Knotens x_i ist. Die sogenannte Zugriffszeit $Z_T(x_i)$ des Knotens x_i ist eine Abbildung von $\mathcal{X}$, der Knotenmenge des Baumes, in die naürlichen Zahlen, $Z_T : \mathcal{X} \to \mathbb{N}$, und hängt natürlich von der speziellen Gestalt des Baums T ab.

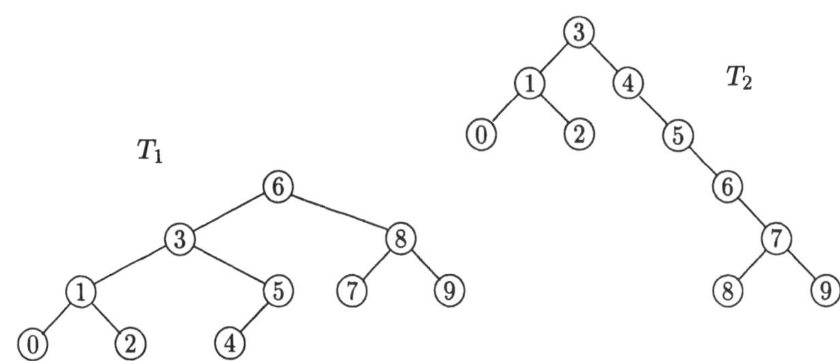

Abb. 4.2 Binäre Suchbäume für $\{0, 1, 2, \ldots, 9\}$.

Wir nehmen jetzt an, daß Vorkenntnisse über die Häufigkeiten, mit der auf ein Element von $\mathcal{X}$ zugegriffen wird, in Form einer Wahrscheinlichkeitsverteilung $\boldsymbol{p} = (p_1, \ldots, p_m)$ vorliegen. Diese Verteilung heißt Zugriffsverteilung. Die Zugriffszeit ist unter der Zugriffsverteilung eine Zufallsvariable, ihr Erwartungswert $E(Z_T)$ ein Maß für die Qualität des unterliegenden binären Suchbaums T,

$$E(Z_T) = \sum_{i=1}^{m} (t_i + 1) P(Z_T = t_i + 1) = \sum_{i=1}^{m} p_i(t_i + 1).$$

Für die in Abbildung 4.2 betrachteten Bäume T_1 bzw. T_2 beträgt bei Vorliegen einer Gleichverteilung $p_i = 0.1$, $i = 0, 1, \ldots, 9$,

$$E(Z_{T_1}) = 2.9 \qquad \text{und} \qquad E(Z_{T_2}) = 3.5.$$

Der erste Suchbaum ist daher effizienter als der zweite. Unter der Zugriffsverteilung

$$\boldsymbol{p} = (0.2,\ 0.2,\ 0.2,\ 0.1,\ 0.05,\ 0.05,\ 0.05,\ 0.05,\ 0.05,\ 0.05)$$

gilt jedoch

$$E(Z_{T_1}) = 3.2 \qquad \text{und} \qquad E(Z_{T_2}) = 2.55.$$

In diesem Fall hat der zweite Suchbaum die höhere Effizienz, die damit offensichtlich von der speziellen Gestalt der Zugriffsverteilung abhängt. Bei fester Zugriffsverteilung sind solche Suchbäume günstig, die den Knoten mit geringer Wahrscheinlichkeit große Zugriffszeiten geben und denen mit großer Wahrscheinlichkeit eine kleine Zugriffszeit.

Analog zu Satz 4.4 werden nun mit Hilfe der Entropie der Zugriffsverteilung obere und untere Schranken für die erwartete Zugriffszeit bestimmt. Auf dem Weg dorthin wird das folgende Ergebnis benötigt.

Lemma 4.5. *T sei ein binärer Suchbaum über der Knotenmenge $\mathcal{X} = \{x_1,\ldots,x_m\}$, $m \geq 2$, t_i bezeichne die Tiefe des Knotens x_i. Dann gilt für alle $0 \leq c \leq 1$ die Ungleichung*

$$c \sum_{i=1}^{m} \big((1-c)/2\big)^{t_i} \leq 1.$$

Beweis. Für $m(k) = \big|\{x_i | t_i = k\}\big|$, die Anzahl der Knoten mit Tiefe k, $k \in \mathbb{N}_0$, gilt $m(k) \leq 2^k$, da T ein binärer Baum ist. Es folgt

$$c \sum_{i=1}^{m} \Big(\frac{1-c}{2}\Big)^{t_i} = c \sum_{k=0}^{m} m(k) \Big(\frac{1-c}{2}\Big)^{k}$$
$$\leq c \sum_{k=0}^{m} (1-c)^k = 1 - (1-c)^{m+1} \leq 1.$$

$\blacksquare$

Satz 4.6. *$H = H(p_1,\ldots,p_m)$ sei die Entropie der Zugriffsverteilung $p = (p_1,\ldots,p_m)$. Dann gilt für alle binären Suchbäume T über der Knotenmenge $\mathcal{X} = \{x_1,\ldots,x_m\}$*

$$\max_{y \in \mathbb{R}} \left\{ \frac{H - y}{\log(2 + b^{-y})} \right\} \leq \mathrm{E}(Z_T), \tag{4.8}$$

wobei $b > 1$ die Basis des Logarithmus ist, die auch bei der Berechnung von H verwendet wird.

Beweis. Für $0 \leq c < 1$ bezeichne $c' = (1-c)/2$ und $q_i = c\left(\frac{1-c}{2}\right)^{t_i}$, $i = 1, \ldots, m$, wobei t_i wieder die Tiefe des Knotens x_i bedeutet. Dann gilt $t_i + 1 = (\log q_i - \log c)/\log c' + 1$ und

$$\mathrm{E}(Z_T) = \sum_{i=1}^{m} p_i(t_i + 1) = 1 - \frac{\log c}{\log c'} + \frac{1}{\log c'} \sum_{i=1}^{m} p_i \log q_i. \qquad (4.9)$$

Wegen $\log z \leq (\log e)(z - 1)$, $z > 0$, und Lemma 4.5 folgt die Abschätzung

$$H(p_1, \ldots, p_m) + \sum_{i=1}^{m} p_i \log q_i = \sum_{i=1}^{m} p_i \log \frac{q_i}{p_i}$$

$$= \log e \sum_{\substack{i=1 \\ p_i \neq 0}}^{m} p_i \ln \frac{q_i}{p_i} = \log e \left(\sum_{\substack{i=1 \\ p_i \neq 0}}^{m} p_i \frac{q_i}{p_i} - 1 \right) \leq 0,$$

die mit (4.9), da $\log c' \leq 0$,

$$\mathrm{E}(Z_T) \geq 1 - \frac{\log c}{\log c'} - \frac{H}{\log c'} = \frac{1}{\log c'}\left(\log \frac{c'}{c} - H \right) = \frac{H - \log(c'/c)}{\log(1/c')}$$

liefert. $y = \log \frac{c'}{c} = \log \frac{1-c}{2c}$ durchläuft mit $0 < c < 1$ alle reellen Zahlen. Bei Basis $b > 1$ gilt also $b^{-y} = c/c'$, bzw. $2 + b^{-y} = 1/c'$. Insgesamt erhält man $\mathrm{E}(Z_T) \geq \frac{H-y}{\log(2+b^{-y})}$ für alle $y \in \mathbb{R}$, woraus die Behauptung folgt. ∎

Aus Ungleichung (4.8) folgt speziell für $y = 0$ die untere Schranke

$$H/\log 3 \leq \mathrm{E}(Z_T) \qquad (4.10)$$

für alle binären Suchbäume T. Eine bessere, implizite Schranke läßt sich aus Satz 4.6 ableiten, indem man dort $y = \log\left(\mathrm{E}(Z_T)/2\right)$ einsetzt und die entstehende Ungleichung nach H auflöst.

Korollar 4.2. *Unter den Bezeichnungen von Satz 4.6 gilt für alle binären Suchbäume T, daß $H \leq \mathrm{E}(Z_T) + \log \mathrm{E}(Z_T) + \log e - 1$.*

Ein binärer Suchbaum T, der die untere Schranke in (4.8) erreicht, ist bezüglich der erwarteten Zugriffszeit absolut optimal im Sinne von Satz 4.4. Im allgemeinen existiert ein solcher Suchbaum jedoch nicht. Analog zu Satz 4.4 b) wird jetzt ein binärer Suchbaum T^* konstruiert, für den $\mathrm{E}(Z_{T^*})$ nahe an der unteren Schranke (4.8) liegt.

Satz 4.7. *$H = H(p_1, \ldots, p_m)$ sei die Entropie der Zugriffsverteilung. Dann existiert ein binärer Suchbaum T^* für $\mathcal{X} = \{x_1, \ldots, x_m\}$ mit*

$$\mathrm{E}(Z_{T^*}) \leq \frac{H}{\log 2} + 1.$$

Die Konstruktionsidee eines solchen Baums T^* beruht darauf, die Summe der Wahrscheinlichkeiten in jedem rechten und linken Teilbaum jedes Knotens möglichst gleich zu machen. Sind $x_\ell, \ldots, x_r \in S$, $1 \leq \ell < r \leq m$, als Knoten eines binären Teilbaumes angeordnet, so wähle x_k als Wurzel dieses Teilbaumes, wenn

$$\sum_{j=\ell}^{k-1} p_j < \frac{1}{2} \sum_{j=\ell}^{r} p_j \quad \text{und} \quad \sum_{j=\ell}^{k} p_j \geq \frac{1}{2} \sum_{j=\ell}^{r} p_j. \tag{4.11}$$

Verfahre mit den Knoten $x_\ell, \ldots, x_{k-1}$ bzw. $x_{k+1}, \ldots, x_r$ genauso bis $\ell > k-1$ bzw. $r < k+1$.

Beispiel 4.7. Sei $\mathcal{X} = \{x_1, \ldots, x_{10}\}$, $x_1 < x_2 < \ldots < x_{10}$ mit Zugriffsverteilung

$$\boldsymbol{p} = (0.2,\ 0.1,\ 0.05,\ 0.3,\ 0.05,\ 0.03,\ 0.08,\ 0.03,\ 0.1,\ 0.06).$$

Dann ist $\sum_{j=1}^{4} p_j \geq 1/2$ erstmalig, x_4 bildet daher die Wurzel des Baumes. Im linken Teilbaum verbleiben die Knoten x_1, x_2, x_3. Es gilt $p_1 = 0.2 \geq \frac{1}{2} \sum_{j=1}^{3} p_j = 0.35/2$, so daß x_1 Wurzel des linken Teilbaums ist. Im rechten Teilbaum gilt $\sum_{j=5}^{8} p_j = 0.18 \geq \frac{1}{2} \sum_{j=5}^{10} p_j = 0.35/2$ erstmalig, so daß x_8 Wurzel des rechten Teilbaums wird. Führt man das Verfahren vollständig durch, entsteht der folgende binäre Suchbaum.

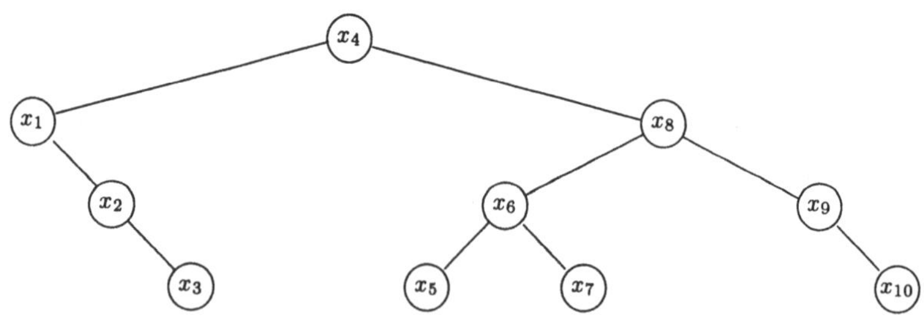

Der Algorithmus zur allgemeinen Konstruktion solcher ausgewogenen binären Suchbäume wird durch die folgende rekursive Prozedur in PASCAL-Notation mit dem Datentyp **node** aus (4.7) beschrieben.

```
FUNCTION bintree(l,r: INTEGER): ↑node;
    VAR z: ↑node;
    m: INTEGER;
BEGIN
    { bestimme Index m zwischen l und r mit
      ausgeglichenen Wahrscheinlichkeiten, d.h.
```
$$\sum_{j=l}^{m-1} p_j < \tfrac{1}{2} \sum_{j=l}^{r} p_j, \sum_{j=l}^{m} p_j \geq \tfrac{1}{2} \sum_{j=l}^{r} p_j \ \};$$
```
    new(z); z↑.no:=m;
    IF l<=m-1 THEN z↑.left:=bintree(l,m-1)
        ELSE z↑.left:=NUL;
    IF m+1<=r THEN z↑.right:=bintree(m+1,r)
        ELSE z↑.right:=NUL;
    bintree:=z;
END;
```

$$(4.12)$$

Zum Beweis von Satz 4.7 wird noch die folgende Aussage benötigt.

Lemma 4.6. *Für jeden binären Teilbaum mit Wurzel x_k und Knotenmenge $\{x_\ell, \ldots, x_k, \ldots, x_r\}$ eines ausgewogenen Suchbaums T^* aus (4.12) gilt $\sum_{j=\ell}^{r} p_j \leq 2^{-t_k^*}$, insbesondere also $p_k \leq 2^{-t_k^*}$, wobei t_k^* die Tiefe des Knotens x_k bezeichnet.*

Beweis. Der Beweis wird durch Induktion über die Tiefe der Wurzeln geführt. Ist x_{k_0} Wurzel von T^*, so gilt $t_{k_0}^* = 0$, also $\sum_{j=1}^{m} p_j \leq 2^{-t_{k_0}^*} = 1$. x_k sei Wurzel des Teilbaums mit Knoten $x_\ell, \ldots, x_k, \ldots, x_r$, und es gelte $\sum_{j=\ell}^{r} p_j \leq 2^{-t_k^*}$. Für den linken und rechten Teilbaum gilt dann wegen (4.11) $\sum_{j=\ell}^{k-1} p_j \leq 2^{-t_k^*-1}$ und $\sum_{j=k+1}^{r} p_j \leq 2^{-t_k^*-1}$, wobei Summen mit leerem Indexbereich zu 0 gesetzt werden. Die Tiefe der Wurzel des linken bzw. rechten Teilbaums beträgt gerade $t_k + 1$, falls dieser nichtleer ist, woraus die Behauptung folgt. ∎

Nach diesen Vorbereitungen läßt sich der Beweis von Satz 4.7 wie folgt führen. Mit Lemma 4.6 gilt für einen nach (4.12) konstruierten Baum T^*, daß $p_j \leq 2^{-t_j^*}$ für alle $j = 1, \ldots, m$, also $\log p_j \leq -t_j^* \log 2$. Es folgt

$$\mathrm{E}(Z_{T^*}) = \sum_{j=1}^{m} p_j(t_j^* + 1) \leq -\frac{1}{\log 2} \sum_{j=1}^{m} p_j \log p_j + 1$$

$$= \frac{H(p_1, \ldots, p_m)}{\log 2} + 1.$$

Durch Algorithmus (4.12) wird also ein binärer Suchbaum T^* berechnet, für dessen erwartete Zugriffszeit wegen (4.10) und Satz 4.7

$$\frac{H}{\log 3} \leq \mathrm{E}(Z_{T^*}) \leq \frac{H}{\log 2} + 1 \tag{4.13}$$

gilt. Mit Ungleichung (4.13) stehen wie bei der Kodierung obere und untere Schranken für die Güte binärer Suchbäume zur Verfügung. Die Konstruktion optimaler Suchbäume wird in Mehlhorn [25] beschrieben. Diese Algorithmen sind das Äquivalent des Huffman-Verfahrens, mit dem optimale Kodes konstruiert werden.

4.4 Stationäre Quellen, Markoff-Quellen

Bei der buchstabenweisen Kodierung einer diskreten gedächtnislosen Quelle $\{X_n\}_{n \in \mathbb{N}}$ spielt die stochastische Unabhängigkeit der Komponenten X_n natürlich keine Rolle. Es interessiert lediglich die identische Randverteilung $P^{X_n} = P^X$. Bei Blockkodierung in Satz 4.5 und Korollar 4.1 wurde allerdings wesentlich benutzt, daß aufeinanderfolgende Symbole der Quelle unabhängig voneinander generiert werden, $\{X_n\}_{n \in \mathbb{N}}$ also eine stochastisch unabhängige Folge ist.

Die Annahme der stochastischen Unabhängigkeit einzelner Buchstaben ist jedoch zur Beschreibung realer Quellen in vielen Fällen zu restriktiv. In natürlichen Sprachen bestehen sehr wohl Abhängigkeiten zwischen aufeinanderfolgenden Buchstaben. Solche Abhängigkeiten zu modellieren und einen Entropiebegriff zu entwickeln, der die Abhängigkeiten berücksichtigt, ist Inhalt dieses Abschnitts. Für eine sehr allgemeine Abhängigkeitsstruktur können bei Blockkodierung dieselben Aussagen wie in Satz 4.5 erzielt werden, und zwar für diskrete stationäre Quellen.

Definition 4.7. *(Diskrete stationäre Quelle, DSQ)*
Eine stationäre Folge von Zufallsvariablen $\{X_n\}_{n\in\mathbb{N}}$ *(vgl. Definition 2.4),*
X_n *jeweils diskret mit endlichem Träger* $\mathcal{X} = \{x_1,\ldots,x_m\}$, *heißt diskrete*
stationäre Quelle (kurz: DSQ).

Stationäre Folgen von Zufallsvariablen besitzen insbesondere identische
Randverteilungen $P^{X_n} = P^X$, wie man aus Definition 2.4 mit $n = 1$ sieht.
Es gilt also $H(X_n) = H(X_1)$ für alle $n \in \mathbb{N}$.

Im folgenden bezeichne $\boldsymbol{X}_N = (X_1,\ldots,X_N)$ den Zufallsvektor aus den er-
sten N Gliedern von $\{X_n\}_{n\in\mathbb{N}}$. $\frac{1}{N}H(\boldsymbol{X}_N)$ ist dann die durchschnittliche Unbestimmtheit pro Quellbuchstabe der ersten N Symbole. Bei der Definiton
der Entropie pro Quellbuchstabe müssen Abhängigkeiten zwischen den Zufallsvariablen X_n berücksichtigt werden, die gegebenenfalls unendlich weit
reichen. Die entscheidenden Grundlagen für die Definition stellt der folgende
Satz bereit.

Satz 4.8. $\{X_n\}_{n\in\mathbb{N}}$ *sei eine diskrete stationäre Quelle. Dann gilt*

a) $H(X_N \mid X_1,\ldots,X_{N-1})$ *ist monoton fallend in* N.

b) $H(X_N \mid X_1,\ldots,X_{N-1}) \leq \frac{1}{N} H(\boldsymbol{X}_N)$ *für alle* $N \in \mathbb{N}$.

c) $\frac{1}{N}H(\boldsymbol{X}_N)$ *ist monoton fallend in* N.

d) $\lim_{N\to\infty} H(X_N \mid X_1,\ldots,X_{N-1}) = \lim_{N\to\infty} \frac{1}{N} H(\boldsymbol{X}_N)$, *wobei wegen a)*
und c) beide Grenzwerte existieren.

Beweis. a) Wegen Satz 3.1 e) und der Stationarität von $\{X_n\}_{n\in\mathbb{N}}$ folgt

$$H(X_N \mid X_1,\ldots,X_{N-1}) \leq H(X_N \mid X_2,\ldots,X_{N-1})$$
$$= H(X_{N-1} \mid X_1,\ldots,X_{N-2})$$

für alle $N \in \mathbb{N}$. $H(X_N \mid X_1,\ldots,X_{N-1})$ ist also monoton fallend, und der
erste Limes in d) existiert, da eine monoton fallende und durch 0 nach unten
beschränkte Folge vorliegt.

b) Lemma 3.2 a) liefert für alle $N \in \mathbb{N}$

$$\frac{1}{N}H(\boldsymbol{X}_N) = \frac{1}{N}\Big(H(X_1) + H(X_2 \mid X_1) + \cdots$$
$$+ H(X_N \mid X_1,\ldots,X_{N-1})\Big)$$
$$\geq H(X_N \mid X_1,\ldots,X_{N-1}).$$

Die letzte Ungleichung folgt hierbei aus Teil a).

c) Mit b) folgt

$$H(\boldsymbol{X}_N) = H(X_1, \ldots, X_{N-1}) + H(X_N \mid X_1, \ldots, X_{N-1})$$
$$\leq H(\boldsymbol{X}_{N-1}) + \frac{1}{N}H(\boldsymbol{X}_N).$$

Folglich ist $\frac{N-1}{N}H(\boldsymbol{X}_N) \leq H(\boldsymbol{X}_{N-1})$, bzw. $\frac{1}{N}H(\boldsymbol{X}_N) \leq \frac{1}{N-1}H(\boldsymbol{X}_{N-1})$ für alle $N \in \mathbb{N}$, $N \geq 2$. Dies zeigt die Monotonie der Folge $\frac{1}{N}H(\boldsymbol{X}_N)$ und damit die Existenz des zweiten Limes in d).

d) Für alle $k \in \mathbb{N}$ gilt mit a)

$$\frac{1}{N+k}H(\boldsymbol{X}_{N+k}) = \frac{1}{N+k}\Big(H(X_{N+k} \mid X_1, \ldots, X_{N+k-1})$$
$$+ \ldots + H(X_{N+1} \mid X_1, \ldots, X_N)$$
$$+ H(X_N \mid X_1, \ldots, X_{N-1}) + H(X_1, \ldots, X_{N-1}) \Big)$$
$$\leq \frac{1}{N+k}H(X_1, \ldots, X_{N-1}) + \frac{k+1}{k+N} H(X_N \mid X_1, \ldots, X_{N-1}).$$

Der erste Summand der letzten Zeile konvergiert mit $k \to \infty$ gegen 0, der zweite gegen $H(X_N \mid X_1, \ldots, X_{N-1})$. Setzt man jetzt $L = N + k$, so folgt $\lim_{L\to\infty} \frac{1}{L}H(\boldsymbol{X}_L) \leq H(X_N \mid X_1, \ldots, X_{N-1})$ für alle $N \in \mathbb{N}$. Mit Hilfe von b) schließen wir für die Grenzwerte

$$\lim_{N\to\infty} H(X_N \mid X_1, \ldots, X_{N-1}) \leq \lim_{N\to\infty} \frac{1}{N}H(\boldsymbol{X}_N)$$
$$\leq \lim_{N\to\infty} H(X_N \mid X_1, \ldots, X_{N-1})$$

woraus schließlich d) folgt.   ∎

Die Grenzwerte in Teil d) des obigen Satzes sind die richtigen Begriffe für die Entropie pro Quellbuchstabe unter Berücksichtigung von Abhängigkeiten.

Definition 4.8. *(Entropie einer diskreten stationären Quelle)*
$\{X_n\}_{n\in\mathbb{N}}$ *sei eine diskrete stationäre Quelle. Dann heißt*

$$H_\infty(X) = \lim_{N\to\infty} \frac{1}{N} H(\boldsymbol{X}_N) = \lim_{N\to\infty} H(X_N \mid X_1, \ldots, X_{N-1})$$

Entropie der Quelle.

Wegen Satz 4.8 c) und Satz 3.1 d) gilt für alle $N \in \mathbb{N}$

$$H_\infty(X) \leq \frac{1}{N} H(\boldsymbol{X}_N) \leq \frac{1}{N} \left[H(X_1) + \ldots + H(X_N) \right] = H(X_1).$$

Damit ist die Entropie einer DSQ stets kleiner als die Entropie der (identischen) Randverteilung. Dies sollte man aus eventuell bestehenden Abhängigkeiten in der Folge $\{X_n\}_{n\in\mathbb{N}}$ auch erwarten. Im Spezialfall einer diskreten gedächtnislosen Quelle gilt $\frac{1}{N} H(\boldsymbol{X}_N) = H(X_1) = H_\infty(X)$.

Als direktes Analogon zu Korollar 4.1 erhalten wir nun

Korollar 4.3. $\{X_n\}_{n\in\mathbb{N}}$ *sei eine diskrete stationäre Quelle. Dann existiert eine Folge von e.d. Blockkodes* $g^{(N)}, N \in \mathbb{N}$, *mit*

$$\lim_{N\to\infty} \frac{1}{N}\, \bar{n}(g^{(N)}) = \frac{H_\infty(X)}{\log d}.$$

Beweis. Nach Satz 4.4 existiert für alle $N \in \mathbb{N}$ ein eindeutig dekodierbarer Blockkode $g^{(N)}$ mit

$$\frac{H(\boldsymbol{X}_N)}{\log d} \leq \bar{n}(g^{(N)}) < \frac{H(\boldsymbol{X}_N)}{\log d} + 1.$$

Division durch N liefert

$$\frac{\frac{1}{N} H(\boldsymbol{X}_N)}{\log d} \leq \frac{\bar{n}(g^{(N)})}{N} < \frac{\frac{1}{N} H(\boldsymbol{X}_N)}{\log d} + \frac{1}{N}.$$

Die linke Seite ist größer gleich $H_\infty(X)/\log d$, die rechte konvergiert mit $N \to \infty$ gegen $H_\infty(X)/\log d$. Dies zeigt die Behauptung. ∎

Beispiel 4.8. Sei $\mathcal{X} = \{x_1, x_2, x_3\} \subset \mathbb{R}$, U eine binomialverteilte Zufallsvariable mit $P(U = 0) = P(U = 1) = \frac{1}{2}$. V sei einpunktverteilt in x_1, d.h. $P(V = x_1) = 1$. Weiterhin sei $\{Z_n\}_{n\in\mathbb{N}}$ eine Folge von stochastisch unabhängigen, identisch verteilten Zufallsvariablen mit $P(Z_n = x_2) = P(Z_n = x_3) = \frac{1}{2}$. U, V und $\{Z_n\}$ seien gemeinsam stochastisch unabhängig. Die Zufallsvariablen $X_n = VU + Z_n(1 - U)$, $n \in \mathbb{N}$, bilden dann eine diskrete stationäre Quelle, was in Aufgabe 4.11 nachzuweisen ist.

Das Verhalten der Quelle kann folgendermaßen interpretiert werden. Mit Wahrscheinlichkeit $\frac{1}{2}$ sendet die Quelle gleichverteilt die Buchstaben x_2 oder

x_3, oder aber mit der Wahrscheinlichkeit $\frac{1}{2}$ die konstante Folge $(x_1, x_1, \ldots)$, etwa wenn sie defekt ist. In beiden möglichen Zuständen (defekt oder intakt) befindet sich die Quelle mit der Wahrscheinlichkeit $\frac{1}{2}$.

Eine optimale binäre Blockkodierung erfolgt nun mit dem Huffman-Verfahren. Der zugehörige Kodebaum läßt sich leicht überblicken. Die resultierenden Kodewortlängen eines optimalen Kodes sind in der dritten Spalte der folgenden Tabelle angegeben.

a_N	$P(X_N = a_N)$	$n_j, \; j = 1, \ldots, 2^N + 1$
$\underbrace{(x_1, \ldots, x_1)}_{N}$	$\frac{1}{2}$	1
$(a_1, \ldots, a_N) \in \{x_2, x_3\}^N$	$\frac{1}{2} \cdot \frac{1}{2^N} = \frac{1}{2^{N+1}}$	$N + 1$

Für die erwartete Kodewortlänge bei optimaler Blockkodierung von Blöcken der Länge N ergibt sich

$$\bar{n}(g^{(N)*}) = 1 \cdot \frac{1}{2} + (N + 1)\frac{2^N}{2^{N+1}} = \frac{N + 2}{2}.$$

Mit Korollar 4.3 folgt bei Verwendung von Logarithmen zur Basis 2, daß

$$H_\infty(X) = \lim_{n \to \infty} \frac{1}{N} \, \bar{n}(g^{(N)*}) = \lim_{n \to \infty} \frac{N + 2}{2N} = \frac{1}{2}.$$

$\blacksquare$

Empirische Untersuchungen haben gezeigt, daß das Auftreten einzelner Buchstaben in natürlichen Sprachen sehr gut durch ein stochastisches Modell beschrieben werden kann, bei dem stochastische Abhängigkeiten nur auf wenige Vorgängerbuchstaben bestehen. Mit Hilfe eines Lexikons kann man sich zum Beispiel davon überzeugen, daß in einem fehlerfreien deutschen Text auf die drei ersten Buchstaben **ins** eines Wortes mit hoher Wahrscheinlichkeit ein **p** oder ein **t** folgt.

Die folgende Methode eignet sich dazu, simulativ Buchstaben zu generieren, die auf einen vorgegebenen Buchstabenblock der Länge k folgen. Nach Wahl einer Anfangssequenz der Länge k wird in einem repräsentativen Text die nächste Stelle gesucht, an der diese Buchstabenfolge auftritt. Das dort erscheinende Folgezeichen wird als Nachfolgesymbol eingesetzt. Mit den letzten k Zeichen der jetzt vorliegenden $k + 1$ Buchstaben fährt man genauso fort und iteriert das Verfahren.

Der Text des ersten Kapitels aus "Stochastik für Informatiker" [24] wurde für jeweils $k = 3$ Vorgängerbuchstaben so behandelt. Als Symbole wurden nur die 26 Buchstaben des lateinischen Alphabets und das Leerzeichen zugelassen, wobei nicht zwischen Groß- und Kleinschreibung unterschieden wurde. Die resultierende Zeichenkette war

> **dinn arlenkest nurbott gibl einsatz ...**

Hierdurch werden die zufälligen Übergänge von drei gegebenen Buchstaben auf den nachfolgenden vierten aufgrund der Datenbasis eines gegebenen Textes simuliert. Es ist nicht zu erwarten, daß sich ein sinnvoller Text ergibt. Dennoch ist das Ergebnis eine Zeichenfolge, die von der sprachlichen Struktur sehr nahe am Deutschen liegt. Für informationtheoretische Zwecke ist dies der entscheidende Aspekt. Der syntaktische Inhalt einer Zeichenfolge spielt für Kodierungs- und Übertragungsverfahren keine Rolle.

Beschreibt die Zufallsvariable X_n den Buchstaben an der n-ten Stelle, so wird bei diesem Verfahren eine Abhängigkeit von X_n auf jeweils k Vorgänger $X_{n-k}, \ldots, X_{n-1}$ angenommen. Diese kann durch Markoff-Ketten (vgl. Definition 2.8) beschrieben werden. Für stationäre Markoff-Ketten berechnet sich die Entropie dann mit den bekannten Formeln für stationäre diskrete Quellen.

In der folgenden allgemeinen Definiton wird das Auftreten von Buchstaben in einem Text durch eine unterliegende Markoff-Kette mit Hilfe einer Funktion f gesteuert. f modelliert speziell die Rückwirkung auf mehr als nur den unmittelbaren Vorgängerbuchstaben. Die im folgenden benötigten Begriffe zu Markoff-Ketten sind in Abschnitt 2.2 zusammengestellt.

Definition 4.9. *(diskrete Markoff-Quelle)*
$\{Z_n\}_{n \in \mathbb{N}_0}$ *sei eine homogene Markoff-Kette mit endlichem Zustandsraum* $\mathcal{S} = \{s_1, \ldots, s_r\}$, $r \in \mathbb{N}$. $\mathcal{X} = \{x_1, \ldots, x_m\}$, $m \in \mathbb{N}$, *sei ein Alphabet und* $f : \mathcal{S} \to \mathcal{X}$ *eine Abbildung. Die Folge* $\{X_n\}_{n \in \mathbb{N}_0}$ *der Zufallsvariablen* $X_n = f(Z_n)$, $n \in \mathbb{N}_0$, *heißt diskrete Markoff-Quelle (kurz: DMQ) mit Alphabet* $\mathcal{X} = \{x_1, \ldots, x_m\}$. f *heißt assoziierte Funktion.*

Im Spezialfall $\mathcal{S} = \{x_1, \ldots, x_m\}$ und $f =$ Identität bildet die Markoff-Kette $X_n = Z_n$, $n \in \mathbb{N}_0$, bereits selbst eine diskrete Markoff-Quelle. Mehrstufige Abhängigkeiten können durch eine geeignete assoziierte Funktion modelliert werden, wie folgendes Beispiel zeigt.

Beispiel 4.9. $\{X_n\}_{n\in\mathbb{N}_0}$ sei eine diskrete Markoff-Quelle mit Alphabet $\mathcal{X} = \{0,1\}$. Stochastische Abhängigkeiten sollen über $k = 3$ sukzessive Buchstaben bestehen. Man wähle nun $\mathcal{S} = \{0,1\}^3 = \{(0,0,0),\ldots,(1,1,1)\} = \{s_1,\ldots,s_8\}$. $\{Z_n\}_{n\in\mathbb{N}_0}$ sei eine homogene Markoff-Kette mit Zustandsraum $\mathcal{S}$ und der Übergangsmatrix

$$\Pi = \begin{array}{c|cccccccc} & 000 & 001 & 010 & 011 & 100 & 101 & 110 & 111 \\ \hline 000 & p_{11} & p_{12} & 0 & 0 & 0 & 0 & 0 & 0 \\ 001 & 0 & 0 & p_{23} & p_{24} & 0 & 0 & 0 & 0 \\ 010 & 0 & 0 & 0 & 0 & p_{35} & p_{36} & 0 & 0 \\ 011 & 0 & 0 & 0 & 0 & 0 & 0 & p_{47} & p_{48} \\ 100 & p_{51} & p_{52} & 0 & 0 & 0 & 0 & 0 & 0 \\ 101 & 0 & 0 & p_{63} & p_{64} & 0 & 0 & 0 & 0 \\ 110 & 0 & 0 & 0 & 0 & p_{75} & p_{76} & 0 & 0 \\ 111 & 0 & 0 & 0 & 0 & 0 & 0 & p_{87} & p_{88} \end{array}$$

Die Übergangswahrscheinlichkeiten p_{ij} sind eventuell positiv, alle anderen Einträge haben den Wert 0. Mit Hilfe der assoziierten Funktion f wird jeweils das letzte Symbol des internen Zustands aus $\mathcal{S}$ ausgegeben. Dies wird erreicht, wenn f die Projektion auf die 3. Komponente ist, also $f : \mathcal{S} \to \mathcal{X} : (a_1,a_2,a_3) \mapsto a_3$. ∎

Ist die Anfangsverteilung $p(0)$ der Markoff-Kette $\{Z_n\}_{n\in\mathbb{N}_0}$ stationär, so ist nach Lemma 2.3 die ganze Folge $\{Z_n\}_{n\in\mathbb{N}_0}$ stationär. Wie man leicht mit Definition 2.4 überprüft, ist dann auch $X_n = f(Z_n)$, $n \in \mathbb{N}_0$, eine stationäre Folge. Mit Satz 4.8 folgt, daß $H_\infty(Z)$ und $H_\infty(X)$ existieren.

Die Berechnung der Entropie ist für stationäre Markoff-Quellen im allgemeinen ein schwieriges Problem. Für gewisse Typen assoziierter Funktionen läßt sich die Berechnung aber explizit durchführen. Hierauf zielt die Begriffsbildung der folgenden Definition.

Definition 4.10. *(unifilar)*
$\{X_n\}_{n\in\mathbb{N}_0}$ *sei eine diskrete Markoff-Quelle mit zugehöriger Markoff-Kette* $\{Z_n\}_{n\in\mathbb{N}_0}$ *und assoziierter Funktion* f. *Für* $s_k \in \mathcal{S}$ *bezeichne* $R(s_k) = \{s_i \in \mathcal{S} \mid p_{ki} > 0\}$ *die Menge der Zustände, die von* s_k *aus in einem Schritt*

mit positiver Wahrscheinlichkeit erreichbar sind. $\{X_n\}_{n\in\mathbb{N}_0}$ *heißt unifilar (einfädig), wenn*

$$f(s_i) \neq f(s_j) \text{ für alle } s_i \neq s_j \in R(s_k) \text{ und alle } s_k \in \mathcal{S},$$

wenn also $f|_{R(s_k)}$ *für alle* $s_k \in \mathcal{S}$ *injektiv ist.*

Gegeben seien s_k als Zustand zur Zeit n und $f(s_i)$ mit $s_i \in R(s_k)$ als Buchstabe zur Zeit $n+1$. Dann ist für eine DMQ mit unifilarem f der Zustand zur Zeit $n+1$ eindeutig bestimmt durch $s_i = \left(f|_{R(s_k)}\right)^{-1}(f(s_i))$. Der Zustand zur Zeit n und der Buchstabe zur Zeit $n+1$ bestimmen also eindeutig den Zustand zur Zeit $n+1$. Dies wird bei der Berechnung der Entropie unifilarer Markoff-Quellen benutzt.

Satz 4.9. $\{X_n\}_{n\in\mathbb{N}_0}$ *sei eine unifilare, diskrete Markoff-Quelle mit unterliegender stationärer Markoff-Kette* $\{Z_n\}_{n\in\mathbb{N}_0}$. *Dann gilt*

$$H_\infty(X) = \sum_{j=1}^{r} p_j^* H(p_{j1}, \dots, p_{jr}),$$

wobei $\boldsymbol{p}^* = (p_1^*, \dots, p_r^*)$ *die stationäre Verteilung von* $\{Z_n\}_{n\in\mathbb{N}_0}$ *bezeichnet und* $(p_{j1}, \dots, p_{jr})$ *den* j-ten *Zeilenvektor der Übergangsmatrix* $\boldsymbol{\Pi} = (p_{ij})_{1\leq i,j\leq r}$ *von* $\{Z_n\}_{n\in\mathbb{N}_0}$.

Beweis. Da $\{X_n\}_{n\in\mathbb{N}_0}$ stationär ist, existiert $H_\infty(X)$ nach Satz 4.8. Seien nun $z_0, \dots, z_n \in \mathcal{S}$ mit $0 < P(Z_0 = z_0, \dots, Z_n = z_n)$. Wegen

$$\begin{aligned}
P(Z_0 &= z_0, \dots, Z_n = z_n) \\
&= P(Z_0 = z_0) \cdot P(Z_1 = z_1 \mid Z_0 = z_0) \cdot P(Z_2 = z_2 \mid Z_1 = z_1) \\
&\quad \cdots P(Z_n = z_n \mid Z_{n-1} = z_{n-1}).
\end{aligned}$$

ist $z_j \in R(z_{j-1})$ für alle $j = 1, \dots, n$. Da $f|_{R(z_{j-1})}$ für alle $j = 1, \dots, n$ injektiv ist, gilt

$$\begin{aligned}
P(Z_n &= z_n, \dots, Z_0 = z_0) \\
&= P(Z_n = z_n, \dots, Z_1 = z_1 \mid Z_0 = z_0) \cdot P(Z_0 = z_0) \\
&= P(X_n = f(z_n), \dots, X_1 = f(z_1) \mid Z_0 = z_0) \cdot P(Z_0 = z_0) \\
&= P(X_n = u_n, \dots, X_1 = u_1 \mid Z_0 = z_0) \cdot P(Z_0 = z_0),
\end{aligned}$$

wobei $u_j = f(z_j)$ gesetzt wurde. Hiermit folgt

$$\frac{1}{n} H(Z_0, \ldots, Z_n)$$

$$= -\frac{1}{n} \sum_{z_0, \ldots, z_n \in \mathcal{S}} P(Z_0 = z_0, \ldots, Z_n = z_n)$$

$$\cdot \log P(Z_0 = z_0, \ldots, Z_n = z_n)$$

$$= -\frac{1}{n} \sum_{z_0 \in \mathcal{S}, u_1, \ldots, u_n \in \mathcal{X}} P(X_n = u_n, \ldots, X_1 = u_1 \mid Z_0 = z_0)$$

$$P(Z_0 = z_0) \cdot \big(\log P(X_n = u_n, \ldots, X_1 = u_1 \mid Z_0 = z_0)$$

$$+ \log P(Z_0 = z_0) \big)$$

$$= \frac{1}{n} \big(H(Z_0) + H(X_1, \ldots, X_n \mid Z_0) \big).$$

Mit Lemma 3.2 erhalten wir

$$H(X_1, \ldots, X_n \mid Z_0) = H(Z_0, X_1, \ldots, X_n) - H(Z_0)$$

$$= H(X_1, \ldots, X_n) + H(Z_0 \mid X_1, \ldots, X_n) - H(Z_0).$$

Die beiden letzten Gleichungen zusammen ergeben

$$H_\infty(Z) = \lim_{n \to \infty} \frac{1}{n} H(Z_0, \ldots, Z_n)$$

$$= \lim_{n \to \infty} \frac{1}{n} \big(H(X_1, \ldots, X_n) + H(Z_0 \mid X_1, \ldots, X_n) \big)$$

$$= \lim_{n \to \infty} \frac{1}{n} H(X_1, \ldots, X_n) = H_\infty(X).$$

Für die Entropie der unterliegenden homogenen Markoff-Kette gilt mit Satz 4.8 und der Markoff-Eigenschaft, daß

$$H_\infty(Z) = \lim_{n \to \infty} H(Z_n \mid Z_0, \ldots, Z_{n-1}) = \lim_{n \to \infty} H(Z_n \mid Z_{n-1})$$

$$= \lim_{n \to \infty} H(Z_1 \mid Z_0) = H(Z_1 \mid Z_0)$$

$$= \sum_{j=1}^{r} P(Z_0 = s_j) H(Z_1 \mid Z_0 = s_j)$$

$$= \sum_{j=1}^{r} p_j^* H(p_{j1}, \ldots, p_{jr}).$$

4.5 Übungsaufgaben

Aufgabe 4.1. Von 12 äußerlich gleichen Kugeln besitzen 11 gleiches Gewicht. Eine der Kugeln hat abweichendes Gewicht, jedoch ist nicht bekannt, ob sie leichter oder schwerer als die übrigen ist. Mit Hilfe einer Balkenwaage soll durch Vergleichswägungen herausgefunden werden, welche der Kugeln abweichendes Gewicht besitzt, und gleichzeitig, ob diese leichter oder schwerer ist.
Zeigen Sie: Mit drei Wägungen kann man obige Aufgabe lösen, mit weniger Wägungen jedoch nicht.

Aufgabe 4.2. Das Quellalphabet $\mathcal{X} = \{x_1, x_2, x_3\}$ werde durch den binären Kode g kodiert, wobei $g(x_1) = (0)$, $g(x_2) = (1,0)$, $g(x_3) = (1,1)$. Die Abbildung

$$G : \bigcup_{j=1}^{\infty} \mathcal{X}^j \to \bigcup_{j=1}^{\infty} \{0,1\}^j : (x_1, \ldots, x_k) \mapsto (g(x_1), \ldots, g(x_k))$$

beschreibe die Kodierung von endlichen Wörtern über dem Quellalphabet. Bestimmen Sie eine allgemeine Formel, die für gegebenes $\ell \in \mathbb{N}$ die Mächtigkeit der Menge

$$\mathcal{M} = \{(x_1, \ldots, x_k) \in \textstyle\bigcup_{j=1}^{\infty} \mathcal{X}^j \mid G(x_1, \ldots, x_k) \in \mathcal{Y}^\ell,\ k \in \mathbb{N}\}$$

angibt. $\mathcal{M}$ ist die Menge der Nachrichten, die bei Verwendung von g mit Kodewörtern der Länge ℓ dargestellt werden können. Welche Anzahlen ergeben sich für $\ell = 1, \ldots, 5$?

Aufgabe 4.3. Man beweise die folgende Verschärfung des Satzes von Feinstein (Satz 4.1):
Sei $\{X_n\}_{n \in \mathbb{N}}$ eine diskrete, gedächtnislose Quelle mit Entropie $H = H(X)$ und Alphabet $\mathcal{X} = \{x_1, \ldots, x_m\}$. Dann gilt $\forall \varepsilon > 0 \ \ \exists N_0 \in \mathbb{N} \ \ \exists A > 0 \ \ \forall N \geq N_0 \ \ \exists T \subset \mathcal{X}^N$:

a) $P\big((X_1, \ldots, X_N) \in T^C\big) \leq \varepsilon$

b) $\forall (a_1, \ldots, a_N) \in T : 2^{-NH - A\sqrt{N}} \leq P(X_1 = a_1, \ldots, X_N = a_N) \leq 2^{-NH + A\sqrt{N}}$

c) $(1 - \varepsilon) 2^{NH - A\sqrt{N}} \leq |T| \leq 2^{NH + A\sqrt{N}}$

Hinweise:
1.) Man definiere für eine geeignete Konstante $K > 0$ und $p_i = P(X = x_i)$, $q_i = 1 - p_i$:

$$T = \left\{ (a_1, \ldots, a_N) \in \mathcal{X}^N \ \Big| \ \left| \frac{\sum_{1 \leq j \leq N, a_j = x_i} 1 - N p_i}{\sqrt{N p_i q_i}} \right| \leq K,\ 1 \leq i \leq m \right\}.$$

2.) Man benutze die Tschebyscheff-Ungleichung: $\forall\, \varepsilon > 0$ gilt

$$P(|Y - \mu| > \varepsilon) \leq \frac{1}{\varepsilon^2}\, \mathrm{E}\big((Y - \mu)^2\big)$$

für jede (endlich diskrete) Zufallsvariable Y mit Erwartungswert $\mathrm{E}(Y) = \mu$.

Aufgabe 4.4. $\mathcal{X} = \{x_1, \ldots, x_m\}$ sei das Quellalphabet einer diskreten, gedächtnislosen Quelle X, $\mathcal{Y} = \{y_1, \ldots, y_d\}$, $d \geq 2$, ein Kodealphabet und $g : \mathcal{X} \to \bigcup_{\ell=1}^{\infty} \mathcal{Y}^\ell$ ein eindeutig dekodierbarer Kode. Zeigen Sie:
$\sum_{j=1}^{m} n_j P(X = x_j) = H(X)/\log d$ gilt genau dann, wenn $P(X = x_j) = d^{-n_j}$ für alle $j = 1, \ldots, m$ mit $P(X = x_j) > 0$. n_j, $j = 1, \ldots, m$, bezeichnet hierbei die Länge des Kodeworts $g(x_j)$.

Aufgabe 4.5. Es sei $\mathcal{X} = \{x_1, \ldots, x_m\}$ das Quellalphabet einer diskreten, gedächtnislosen Quelle. $\mathcal{Y} = \{y_1, \ldots, y_d\}$, $d \geq 2$, sei ein Kodealphabet und g' ein Kode mit Kodewortlängen $n_1', \ldots, n_m'$, der den Buchstaben y_1 als Trennzeichen benutzt, d.h. jedes Kodewort beginnt mit y_1 und y_1 wird nur als erster Buchstabe verwendet. Zeigen Sie:

a) g' ist eindeutig dekodierbar.

b) Es existiert ein eindeutig dekodierbarer Kode g mit Kodewortlängen $n_1, \ldots, n_m$ mit $n_i \leq n_i'$ für alle $i = 1, \ldots, m$ und $n_j < n_j'$ für mindestens ein $j \in \{1, \ldots, m\}$.

Aufgabe 4.6. Sei $m \in \mathbb{N}$, $m \geq 2$, und $\boldsymbol{p} = (p_1, \ldots, p_m) \in \mathcal{P}_m$ ein stochastischer Vektor mit $p_i > 0$ für alle $i = 1, \ldots, m$. $\boldsymbol{n}^* = (n_1^*, \ldots, n_m^*)$, $n_1^* \leq \cdots \leq n_m^*$, sei eine Lösung von

$$\min \sum_{j=1}^{m} p_j n_j \qquad \text{über} \qquad n_1, \ldots, n_m \in \mathbb{N} \quad \text{mit} \quad \sum_{j=1}^{m} 2^{-n_j} \leq 1.$$

Zeigen Sie, daß   a) $\sum_{j=1}^{m} 2^{-n_j^*} = 1$,   b) $n_{m-1}^* = n_m^*$.

Aufgabe 4.7. X sei eine diskrete, gedächtnislose Quelle mit Alphabet $\mathcal{X} = \{x_1, \ldots, x_m\}$. Man zeige: Es existiert stets ein optimaler präfixfreier Kode für X.

Aufgabe 4.8. In einer Datenverarbeitungsanlage sollen die Inhalte von verschiedenen Magnetbändern zusammengestellt werden. Die Magnetbänder enthalten jeweils eine geordnete Menge von Daten, die aus einer gewissen Anzahl von Posten besteht. Es stehen 3 Magnetbandeinheiten zur Verfügung. Die Anlage kann in einer einzigen Operation nur 2 Bänder zusammenfügen. Dies geschieht in der folgenden

Weise: In 2 Magnetbandeinheiten werden die 2 Bänder, die zusammengefügt werden sollen, und die etwa n_1 und n_2 Posten enthalten, eingelegt. In die letzte Station legt man ein leeres Band. Die Datenverarbeitungsanlage kann nun die Bänder so bearbeiten, daß sich zum Schluß die gesamte aus $n_1 + n_2$ bestehende Datenmenge der 2 Bänder, in der richtigen Weise geordnet, auf dem ursprünglich leeren Band befindet. Die Zeit, die eine solche Zusammenfügung erfordert, ist proportional zu $n_1 + n_2$. Insgesamt sind nun 20 Bänder mit 200, 190, 185, 170, 168, 150, 150, 150, 145, 120, 120, 120, 110, 90, 80, 60, 20, 10, 4 und 2 Posten gegeben.
Man gebe eine optimale Strategie an, unter der die zum Zusammenfügen aller 20 Bänder benötigte Zeit so klein wie möglich wird.

Aufgabe 4.9. X sei eine diskrete, gedächtnislose Quelle mit Alphabet $\mathcal{X} = \{x_1, \ldots, x_m\}$, $m \geq 2$, und zugehöriger Verteilung $p = (\frac{1}{m}, \ldots, \frac{1}{m}) \in \mathcal{P}_m$. Zeigen Sie: Für jeden optimalen binären Kode g gilt

$$\bar{n}(g) = \lfloor \log_2 m \rfloor + \frac{2}{m}\left(m - 2^{\lfloor \log_2 m \rfloor}\right),$$

wobei $\lfloor x \rfloor$ die gößte ganze Zahl kleiner oder gleich $x \in \mathbb{R}$ bedeutet.

Aufgabe 4.10. $\{X_n\}_{n \in \mathbb{N}}$ sei eine diskrete gedächtnislose Quelle mit Alphabet $\mathcal{X} = \{x_1, \ldots, x_5\}$ und Verteilung $p = (0.3, 0.2, 0.2, 0.15, 0.15)$.
Bestimmen Sie einen optimalen Blockkode für Blöcke der Länge $N = 2$. Berechnen Sie die erwartete Kodewortlänge pro Quellbuchstabe und vergleichen Sie mit $H(X_1)$ und der in Beispiel 4.1 berechneten erwarteten Kodewortlänge bei buchstabenweiser Kodierung.

Aufgabe 4.11. Zeigen Sie, daß die in Beispiel 4.8 definierte Quelle stationär ist.

Aufgabe 4.12. Bestimmen Sie die Entropie einer stationären diskreten Markoff-Quelle mit zweielementigem Alphabet, assoziierter Funktion $f = $ Identität und Übergangsmatrix $(0 < \alpha, \beta < 1)$

$$\Pi = \begin{pmatrix} \alpha & 1 - \alpha \\ 1 - \beta & \beta \end{pmatrix}.$$

Aufgabe 4.13. $\{X_n\}_{n \in \mathbb{N}}$ sei eine Markoff-Quelle mit Alphabet $\mathcal{X} = \{a, b\}$, wobei $X_n = f(Z_n)$ für alle $n \in \mathbb{N}$ gilt und $\{Z_n\}_{n \in \mathbb{N}}$ eine homogene Markoff-Kette mit Zustandsraum $\mathcal{S} = \{s_1, s_2, s_3, s_4\}$, Übergangsmatrix

$$\Pi = \begin{pmatrix} 0.2 & 0.8 & 0 & 0 \\ 0 & 0 & 0.1 & 0.9 \\ 0 & 0 & 0.2 & 0.8 \\ 0.7 & 0.3 & 0 & 0 \end{pmatrix}$$

und assoziierter Funktion $f : \mathcal{S} \to \mathcal{X}$ mit $f(s_1) = f(s_4) = a$, $f(s_2) = f(s_3) = b$ ist. Die Anfangsverteilung der Markoff-Kette sei stationär. Berechnen Sie die Entropie $H_\infty(X)$ und zeigen Sie, daß $P(Z_n = z_n \mid X_n = x_n, X_{n-1} = x_{n-1}) \in \{0, 1\}$ für alle $n \geq 2$, $z_n \in \mathcal{S}$, $x_n, x_{n-1} \in \mathcal{X}$.

5 Diskrete gedächtnislose Kanäle

Mit den im vorigen Kapitel eingeführten Kodierungsverfahren soll eine hohe Datenkompression im Sinn von kurzen erwarteten Kodewortlängen erreicht werden. Bei der Übertragung der kodierten Information in einem gestörten Kanal können jedoch Fehler auftreten, zu deren Kompensation wieder gezielt Redundanz hinzugefügt werden muß. Diese Arbeit erledigt der Quellenkodierer. Er wird zur Übertragung solche Kodewörter aussuchen, die in einem noch zu spezifizierenden Sinn weit auseinanderliegen und auch nach Störung noch korrekt unterscheidbar sind. Auf der Empfängerseite müssen im Kanaldekodierer Algorithmen implementiert werden, die aus den empfangenen, gestörten Wörtern wieder die ursprünglich gesendeten mit kleiner Fehlerwahrscheinlichkeit rekonstruieren.

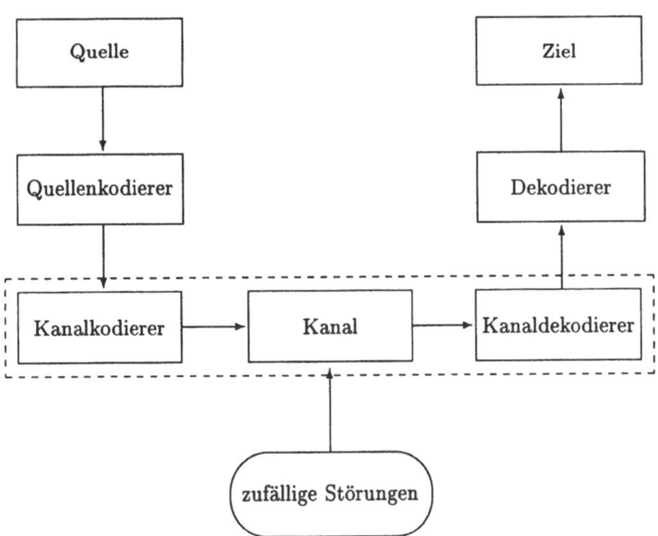

Im vorliegenden Kapitel werden stochastische Modelle zur Beschreibung der zufälligen Störungen im Kanal sowie des Kanalkodierers und -dekodierers untersucht. Im oben dargestellten Standardmodell der Informationsübertragung ist der jetzt interessierende Block gestrichelt umrahmt.

5.1 Kanalkapazität

Im folgenden sei $\mathcal{X} = \{x_1, \ldots, x_m\}$ das Eingabe- und $\mathcal{Y} = \{y_1, \ldots, y_d\}$ das Ausgabealphabet des Kanals, die im allgemeinen verschieden sein können. Die Wirkungsweise des Kanals bei der Übertragung eines Buchstabens wird beschrieben durch Übertragungswahrscheinlichkeiten $p(y_j \mid x_i)$, $1 \leq i \leq m$, $1 \leq j \leq d$. $p(y_j \mid x_i)$ bedeutet die Wahrscheinlichkeit, y_j zu empfangen, wenn x_i gesendet wurde.

Bei der Übertragung von Wörtern der Länge N beschreibt $p_N(\boldsymbol{b}_N \mid \boldsymbol{a}_N)$ analog die Wahrscheinlichkeit, $\boldsymbol{b}_N \in \mathcal{Y}^N$ zu empfangen, wenn $\boldsymbol{a}_N \in \mathcal{X}^N$ gesendet wurde. Als gedächtnislos bezeichnen wir einen Kanal, bei dem jeder Ausgabebuchstabe nur vom entsprechenden Eingabebuchstaben, nicht von Vorgängern oder Nachfolgern abhängt und die Übertragung einzelner Symbole unabhängig geschieht. Dies ist die Aussage der folgenden Definition.

Definition 5.1. *(diskreter gedächtnisloser Kanal)*
$\mathcal{X} = \{x_1, \ldots, x_m\}$ *und* $\mathcal{Y} = \{y_1, \ldots, y_d\}$ *seien Eingabe- bzw. Ausgabealphabet. Ein System von bedingten Zähldichten*

$$\left\{ p_N(\cdot \mid \boldsymbol{a}_N) \;\middle|\; p_N(\cdot \mid \boldsymbol{a}_N) : \mathcal{Y}^N \to [0,1], \right.$$

$$\left. \sum_{\boldsymbol{b}_N \in \mathcal{Y}^N} p_N(\boldsymbol{b}_N \mid \boldsymbol{a}_N) = 1, \; \boldsymbol{a}_N \in \mathcal{X}^N, \, N \in \mathbb{N} \right\}$$

heißt diskreter Kanal. Ein diskreter Kanal heißt gedächtnislos (kurz: DMC, englisch: discrete memoryless channel), wenn

$$p_N(\boldsymbol{b}_N \mid \boldsymbol{a}_N) = \prod_{i=1}^{N} p_1(b_i \mid a_i)$$

für alle $N \in \mathbb{N}$, $\boldsymbol{a}_N = (a_1, \ldots, a_N) \in \mathcal{X}^N$, $\boldsymbol{b}_N = (b_1, \ldots, b_N) \in \mathcal{Y}^N$.

Man beachte hierbei, daß ein diskreter gedächtnisloser Kanal bereits eindeutig durch die stochastische Matrix

$$\boldsymbol{\Pi} = \big(p_1(y_j \mid x_i)\big)_{1 \le i \le m, 1 \le j \le d}$$

beschrieben wird, die sogenannte *Kanalmatrix*.

Oft ist es bequemer, diskrete Kanäle durch Zufallsvariablen statt durch ein System bedingter Zähldichten zu beschreiben. Sei hierzu $\big\{(X_n, Y_n)\big\}_{n \in \mathbb{N}}$ eine Folge von Zufallvariablen, (X_n, Y_n) jeweils mit Träger $\mathcal{X} \times \mathcal{Y}$. Gilt für alle $N \in \mathbb{N}$, $(a_1, \ldots, a_N) \in \mathcal{X}^N$, $(b_1, \ldots, b_N) \in \mathcal{Y}^N$, daß

$$P(Y_1 = b_1, \ldots, Y_N = b_N \mid X_1 = a_1, \ldots, X_N = a_N)$$
$$= \prod_{i=1}^{N} P(Y_1 = b_i \mid X_1 = a_i), \tag{5.1}$$

so heißt die Folge $\big\{(X_n, Y_n)\big\}_{n \in \mathbb{N}}$ ebenfalls diskreter gedächtnisloser Kanal. Identifiziert man in Definition 5.1 $p_N(\boldsymbol{b}_N \mid \boldsymbol{a}_N) = P(\boldsymbol{Y}_N = \boldsymbol{b}_N \mid \boldsymbol{X}_N = \boldsymbol{a}_N)$, wobei $\boldsymbol{X}_N = (X_1, \ldots, X_N)$ und $\boldsymbol{Y}_N = (Y_1, \ldots, Y_N)$, so ist die Äquivalenz der beiden Definitionen offensichtlich.

Eine zur definierenden Eigenschaft eines diskreten gedächtnislosen Kanals äquivalente Bedingung enthält das folgende Lemma.

Lemma 5.1. $\{(X_n, Y_n)\}_{n \in \mathbb{N}}$ *ist genau dann ein diskreter gedächtnisloser Kanal, wenn für alle* $1 \le \ell \le N \in \mathbb{N}$, $(a_1, \ldots, a_N) \in \mathcal{X}^N$, $(b_1, \ldots, b_N) \in \mathcal{Y}^N$ *gilt*

$$P(Y_\ell = b_\ell \mid X_1 = a_1, \ldots, X_N = a_N, Y_1 = b_1, \ldots, Y_{\ell-1} = b_{\ell-1})$$
$$= P(Y_1 = b_\ell \mid X_1 = a_\ell),$$

d.h. der Kanal überträgt ohne Gedächtnis, ohne Vorgriff und unabhängig von der Position ℓ.

Beweis. Wir zeigen zunächst, daß aus der angegebenen Bedingung die DMC-Eigenschaft folgt. Für alle $N \in \mathbb{N}$, $\boldsymbol{a}_N = (a_1, \ldots, a_N) \in \mathcal{X}^N$, $\boldsymbol{b}_N =$

$(b_1, \ldots, b_N) \in \mathcal{Y}^N$ gilt

$$
\begin{aligned}
P(\boldsymbol{Y}_N &= \boldsymbol{b}_N \mid \boldsymbol{X}_N = \boldsymbol{a}_N) \\
&= P(Y_N = b_N \mid \boldsymbol{X}_N = \boldsymbol{a}_N, \boldsymbol{Y}_{N-1} = \boldsymbol{b}_{N-1}) \\
&\quad \cdot \frac{P(\boldsymbol{Y}_{N-1} = \boldsymbol{b}_{N-1}, \boldsymbol{X}_N = \boldsymbol{a}_N)}{P(\boldsymbol{X}_N = \boldsymbol{a}_N)} \\
&= P(Y_1 = b_N \mid X_1 = a_N) P(\boldsymbol{Y}_{N-1} = \boldsymbol{b}_{N-1} \mid \boldsymbol{X}_N = \boldsymbol{a}_N) \\
&= P(Y_1 = b_N \mid X_1 = a_N) P(Y_1 = b_{N-1} \mid X_1 = a_{N-1}) \\
&\quad \cdot P(\boldsymbol{Y}_{N-2} = \boldsymbol{b}_{N-2} \mid \boldsymbol{X}_N = \boldsymbol{a}_N) \\
&= \cdots = \prod_{i=1}^{N} P(Y_1 = b_i \mid X_1 = a_i).
\end{aligned}
$$

Umgekehrt erhält man aus der DMC-Eigenschaft, daß für alle $\ell \leq N$, $\boldsymbol{a}_N \in \mathcal{X}^N$, $\boldsymbol{b}_N \in \mathcal{Y}^N$

$$
\begin{aligned}
P(Y_\ell &= b_\ell \mid \boldsymbol{X}_N = \boldsymbol{a}_N, \boldsymbol{Y}_{\ell-1} = \boldsymbol{b}_{\ell-1}) \\
&= \frac{P(\boldsymbol{Y}_\ell = \boldsymbol{b}_\ell \mid \boldsymbol{X}_N = \boldsymbol{a}_N)}{P(\boldsymbol{Y}_{\ell-1} = \boldsymbol{b}_{\ell-1} \mid \boldsymbol{X}_N = \boldsymbol{a}_N)} \\
&= \frac{\sum_{b_{\ell+1},\ldots,b_N \in \mathcal{Y}} P(\boldsymbol{Y}_N = \boldsymbol{b}_N \mid \boldsymbol{X}_N = \boldsymbol{a}_N)}{\sum_{b_\ell,\ldots,b_N \in \mathcal{Y}} P(\boldsymbol{Y}_N = \boldsymbol{b}_N \mid \boldsymbol{X}_N = \boldsymbol{a}_N)} \\
&= \frac{\prod_{i=1}^{\ell} P(Y_1 = b_i \mid X_1 = a_i)}{\prod_{i=1}^{\ell-1} P(Y_1 = b_i \mid X_1 = a_i)} \\
&\quad \cdot \frac{\sum_{b_{\ell+1},\ldots,b_N \in \mathcal{Y}} \prod_{i=\ell+1}^{N} P(Y_1 = b_i \mid X_1 = a_i)}{\sum_{b_\ell,\ldots,b_N \in \mathcal{Y}} \prod_{i=\ell}^{N} P(Y_1 = b_i \mid X_1 = a_i)} \\
&= P(Y_1 = b_\ell \mid X_1 = a_\ell).
\end{aligned}
$$

Die letzte Gleichheit folgt, da beide Summen im Zähler und Nenner den Wert 1 haben. Damit ist die behauptete Äquivalenz gezeigt. ∎

Offensichtlich erfüllen stochastisch unabhängige, identisch verteilte Zufallsvektoren (X_n, Y_n), $n \in \mathbb{N}$, die Bedingungen aus Lemma 5.1, bilden also einen diskreten gedächtnislosen Kanal.

Beispiel 5.1. (binärer symmetrischer Kanal, BSC)
Anknüpfend an Beispiel 3.1 seien Ein- und Ausgabealphabet beide binär,

$\mathcal{X} = \mathcal{Y} = \{0,1\}$. Für die Übertragungswahrscheinlichkeiten einzelner Symbole gelte

$$p_1(0|0) = 1 - \varepsilon = p_1(1|1) \quad \text{und} \quad p_1(1|0) = \varepsilon = p_1(0|1), \ 0 \leq \varepsilon \leq 1.$$

Im Fall eines gedächtnislosen Kanals folgt für die Übertragungswahrscheinlichkeiten von Symbolpaaren

$$p_2(ij|k\ell) = \begin{cases} (1-\varepsilon)^2, & \text{falls } (i,j) = (k,\ell) \\ \varepsilon^2, & \text{falls } i \neq k \text{ und } j \neq \ell \, . \\ \varepsilon(1-\varepsilon), & \text{sonst} \end{cases}$$

Bei der Modellierung mit stochastisch unabhängigen, identisch verteilten zweidimensionalen Zufallsvariablen (X_n, Y_n), $n \in \mathbb{N}$, führt die folgende gemeinsame Verteilung von (X_1, Y_1) zu dem gleichen Kanalmodell. Mit den Abkürzungen $p_i = P(X_1 = i)$, $i = 0,1$, also $p_1 = 1 - p_0$, wird gesetzt

$$P(X_1 = 0, Y_1 = 0) = (1-\varepsilon)p_0, \ P(X_1 = 0, Y_1 = 1) = \varepsilon p_0,$$
$$P(X_1 = 1, Y_1 = 1) = (1-\varepsilon)p_1, \ P(X_1 = 1, Y_1 = 0) = \varepsilon p_1.$$

Als Übertragungswahrscheinlichkeiten ergeben sich

$$P(Y_1 = 0 \mid X_1 = 0) = \frac{(1-\varepsilon)p_0}{(1-\varepsilon)p_0 + \varepsilon p_0} = 1 - \varepsilon,$$

und analog

$$P(Y_1 = 1 \mid X_1 = 1) = 1 - \varepsilon,$$
$$P(Y_1 = 1 \mid X_1 = 0) = P(Y_1 = 0 \mid X_1 = 1) = \varepsilon.$$

Man sieht, daß verschiedene gemeinsame Verteilungen von (X_1, Y_1) zu dem gleichen Kanalmodell führen können. $\blacksquare$

Gegeben sei nun ein diskreter gedächtnisloser Kanal $\{(X_n, Y_n)\}_{n \in \mathbb{N}}$ mit Eingabealphabet $\mathcal{X} = \{x_1, \ldots, x_m\}$ und Ausgabealphabet $\mathcal{Y} = \{y_1, \ldots, y_d\}$. Wegen (5.1) ist nur das Paar (X_1, Y_1) von Interesse. Zur Vereinfachung werden die Indizes weggelassen, also $(X, Y) = (X_1, Y_1)$. Abkürzend bezeichne $p(j|i) = p_1(y_j \mid x_i) = P(Y = y_j \mid X = x_i)$, $i = 1, \ldots, m$, $j = 1, \ldots, d$.

Die gemeinsame Verteilung von (X, Y) ist eindeutig bestimmt, wenn eine Inputverteilung P^X mit $p_i = P(X = x_i)$ festliegt. Denn für alle i, j gilt $P(X = x_i, Y = y_j) = P(Y = y_j \mid X = x_i)P(X = x_i) = p(j|i)\, p_i$.

Die Transinformation oder Synentropie von X und Y hat gemäß Definition 3.4 die folgende Gestalt.

$$
\begin{aligned}
I(X, Y) &= H(Y) - H(Y|X) \\
&= \sum_{i=1}^{m} \sum_{j=1}^{d} P(X = x_i, Y = y_j) \log \frac{P(Y = y_j \mid X = x_i)}{P(Y = y_j)} \\
&= \sum_{i=1}^{m} \sum_{j=1}^{d} p_i \, p(j|i) \log \frac{p(j|i)}{P(Y = y_j)} \\
&= \sum_{i=1}^{m} \sum_{j=1}^{d} p_i \, p(j|i) \log \frac{p(j|i)}{\sum_{\ell=1}^{m} p_\ell \, p(j|\ell)}
\end{aligned}
$$

Die Transinformation ist eine Maßzahl, um wieviel die Unbestimmtheit von Y im Mittel sinkt, wenn man die Eingabe X kennt. Ein gegebener Kanal wird nun optimal ausgenutzt, wenn die Inputverteilung so gewählt wird, daß die Transinformation maximal ist. Dies führt zum Begriff der Kanalkapazität. Man beachte, daß in der folgenden Definition die gemeinsame Verteilung von (X_N, Y_N) keine Rolle spielt. Kanalkapazität kann in dieser Bedeutung für beliebige diskrete zweidimensionale Zufallsvariable (X, Y) definiert werden, sofern die bedingte Verteilung $P^{Y|X}$ vorgegeben ist.

Definition 5.2. *(Kanalkapazität)*
(X, Y) beschreibe einen diskreten gedächtnislosen Kanal mit Kanalmatrix $\boldsymbol{\Pi} = \big(p(j|i)\big)_{1 \le i \le m, 1 \le j \le d}$. Die maximale Transinformation von X und Y über alle Inputverteilungen $P^X = (p_1, \dots, p_m) \in \mathcal{P}_m$ heißt Kanalkapazität C, also

$$
\begin{aligned}
C &= \max_{(p_1, \dots, p_m) \in \mathcal{P}_m} I(X, Y) \\
&= \max_{(p_1, \dots, p_m) \in \mathcal{P}_m} \sum_{i,j} p_i \, p(j|i) \log \frac{p(j|i)}{\sum_\ell p_\ell \, p(j|\ell)}.
\end{aligned}
$$

Auch hier wird die Konvention $0 \cdot * = 0$ benutzt. Undefinierte Ausdrücke '$*$' treten auf, falls $P(X = x_i) = 0$ oder $P(Y = y_j) = 0$ und $P(X = x_i) > 0$.

Im ersten Fall liegt ein Ausdruck der Form $0 \cdot \log 0$ vor, im zweiten liefert die Multiplikation mit $p(j|i) = 0$ den Wert Null. Die kritischen Fälle werden also durch die Konvention erfaßt. Hierdurch ist die Transinformation bei gegebener Kanalmatrix eine stetige Funktion auf der kompakten Menge $\mathcal{P}_m$. Das Maximum in der Definition der Kanalkapazität wird also angenommen.

Beispiel 5.2. (binärer symmetrischer Kanal, BSC)
Die Übertragungswahrscheinlichkeiten seien wie in Beispiel 3.1 und 5.1, also $p(0|0) = p(1|1) = 1 - \varepsilon$ und $p(1|0) = p(0|1) = \varepsilon$, $0 \leq \varepsilon \leq 1$. Es bezeichne $p_0 = P(X = 0)$ und $p_1 = P(X = 1)$ die Verteilung von X.
Zur Berechnung der Transinformation von X und Y wird die Identität $I(X,Y) = H(Y) - H(Y \mid X)$ benutzt. Offensichtlich ist

$$H(Y \mid X = x_i) = -\sum_{j=1}^{d} P(Y = y_j \mid X = x_i) \log P(Y = y_j \mid X = x_i)$$
$$= -\varepsilon \log \varepsilon - (1 - \varepsilon) \log(1 - \varepsilon) = a$$

unabhängig von x_i. Folglich ist die bedingte Entropie

$$H(Y \mid X) = \sum_{i=1}^{m} P(X = x_i) H(Y \mid X = x_i) = a$$

unabhängig von P^X. Bei der Maximierung von $I(X,Y)$ braucht also nur $H(Y)$ berücksichtigt zu werden, so daß zur Bestimmung der Kanalkapazität lediglich das Problem $\max_{(p_1,p_2)\in\mathcal{P}_2} H(Y)$ zu lösen ist. Nach Satz 3.1 a) ist $H(Y)$ maximal, wenn Y gleichverteilt ist, also $P(Y = 0) = P(Y = 1) = \frac{1}{2}$. Aus der in Beispiel 5.1 bestimmten gemeinsamen Verteilung von X und Y kann leicht die Randverteilung von Y in Abhängigkeit von p_0, p_1 und ε berechnet werden. Es gilt

$$P(Y = 0) = (1 - \varepsilon)p_0 + \varepsilon p_1 \quad \text{und} \quad P(Y = 1) = \varepsilon p_0 + (1 - \varepsilon)p_1.$$

$I(X,Y)$ ist also maximal, wenn

$$(1 - \varepsilon)p_0 + \varepsilon p_1 = \tfrac{1}{2} \quad \text{und} \quad \varepsilon p_0 + (1 - \varepsilon)p_1 = \tfrac{1}{2}.$$

Eine Lösung dieser Gleichungen ist gegeben durch $p_0^* = p_1^* = \frac{1}{2}$. Die Kanalkapazität des BSC wird also für gleichverteiltes X angenommen. Ihr Wert beträgt nach Beispiel 3.1 mit Logarithmen zur Basis 2

$$C = 1 + (1 - \varepsilon) \log_2(1 - \varepsilon) + \varepsilon \log_2 \varepsilon = 1 - H(\varepsilon, 1 - \varepsilon). \tag{5.2}$$

∎

Im folgenden wird benutzt, daß für einen DMC $\{(X_n, Y_n)\}_{n\in\mathbb{N}}$ die Übertragungswahrscheinlichkeiten $P(Y_\ell = y_j \mid X_\ell = x_i)$ für alle $x_i \in \mathcal{X}$, $y_j \in \mathcal{Y}$ unabhängig von ℓ den gleichen Wert haben. Der Nachweis hiervon ist Inhalt von Übungsaufgabe 5.2.

Satz 5.1. $\{(X_n, Y_n)\}_{n\in\mathbb{N}}$ *sei ein DMC mit Kanalkapazität C. Dann gilt für alle $N \in \mathbb{N}$*

$$I(\boldsymbol{X}_N, \boldsymbol{Y}_N) \leq \sum_{\ell=1}^{N} I(X_\ell, Y_\ell) \leq N \cdot C,$$

wobei Gleichheit links gilt, wenn $X_1, \ldots, X_N$ stochastisch unabhängig sind, und Gleichheit rechts, wenn P^{X_ℓ} für alle $\ell = 1, \ldots, N$ eine die Transinformation $I(X_\ell, Y_\ell)$ maximierende Verteilung ist.

Beweis. Mit Lemma 3.2 b) gilt $I(\boldsymbol{X}_N, \boldsymbol{Y}_N) = H(\boldsymbol{Y}_N) - H(\boldsymbol{Y}_N \mid \boldsymbol{X}_N)$. Ferner

$$H(\boldsymbol{Y}_N \mid \boldsymbol{X}_N)$$

$$= \sum_{\boldsymbol{a}_N \in \mathcal{X}^N, \boldsymbol{b}_N \in \mathcal{Y}^N} P(\boldsymbol{X}_N = \boldsymbol{a}_N)\, p_N(\boldsymbol{b}_N \mid \boldsymbol{a}_N) \log \frac{1}{p_N(\boldsymbol{b}_N \mid \boldsymbol{a}_N)}$$

$$= \mathrm{E}\Big(\log \frac{1}{p_N(\boldsymbol{Y}_N \mid \boldsymbol{X}_N)} \Big) = \mathrm{E}\Big(\sum_{\ell=1}^{N} \log \frac{1}{p_1(Y_\ell \mid X_\ell)} \Big)$$

$$= \sum_{\ell=1}^{N} \mathrm{E}\Big(\log \frac{1}{p_1(Y_\ell \mid X_\ell)} \Big) = \sum_{\ell=1}^{N} H(Y_\ell \mid X_\ell).$$

Mit Satz 3.1 d) folgt

$$I(\boldsymbol{X}_N, \boldsymbol{Y}_N) = H(\boldsymbol{Y}_N) - \sum_{\ell=1}^{N} H(Y_\ell \mid X_\ell)$$

$$\leq \sum_{\ell=1}^{N} \left(H(Y_\ell) - H(Y_\ell \mid X_\ell) \right)$$

$$= \sum_{\ell=1}^{N} I(X_\ell, Y_\ell) \leq N \cdot C.$$

Gleichheit gilt hierbei genau dann, wenn $Y_1, \ldots, Y_N$ stochastisch unabhängig sind. Hinreichend hierfür ist die stochastische Unabhängigkeit der Zufallsvariablen $X_1, \ldots, X_N$. In diesem Fall gilt nämlich

$$P(\boldsymbol{X}_N = \boldsymbol{a}_N, \boldsymbol{Y}_N = \boldsymbol{b}_N) = P(\boldsymbol{Y}_N = \boldsymbol{b}_N \mid \boldsymbol{X}_N = \boldsymbol{a}_N) P(\boldsymbol{X}_N = \boldsymbol{a}_N)$$

$$= \prod_{\ell=1}^{N} P(Y_\ell = b_\ell \mid X_\ell = a_\ell) P(X_\ell = a_\ell)$$

$$= \prod_{\ell=1}^{N} P(X_\ell = a_\ell, Y_\ell = b_\ell)$$

für alle $a_\ell \in \mathcal{X}$, $b_\ell \in \mathcal{Y}$, und weiterhin

$$P(\boldsymbol{Y}_N = \boldsymbol{b}_N) = \sum_{\boldsymbol{a}_N \in \mathcal{X}^N} \prod_{\ell=1}^{N} P(X_\ell = a_\ell, Y_\ell = b_\ell) = \prod_{\ell=1}^{N} P(Y_\ell = b_\ell)$$

für alle $b_1, \ldots, b_N \in \mathcal{Y}$. $Y_1, \ldots, Y_N$ sind damit stochastisch unabhängig, woraus Gleichheit in der linken Ungleichung folgt.

Die zweite Bedingung für Gleichheit folgt aus der Definition der Kanalkapazität, wenn man noch beachtet, daß $P(Y_\ell = y_j \mid X_\ell = x_i)$ unabhängig von $\ell \in \mathbb{N}$ ist. ∎

5.2   Kanaldekodierung

Symbole werden über einen diskreten gedächtnislosen Kanal übertragen, der Eingabealphabet $\mathcal{X} = \{x_1, \ldots, x_m\}$, Ausgabealphabet $\mathcal{Y} = \{y_1, \ldots, y_d\}$ und Übertragungswahrscheinlichkeiten

$$p_N(\boldsymbol{b}_N|\boldsymbol{a}_N) = P(\boldsymbol{Y}_N = \boldsymbol{b}_N \mid \boldsymbol{X}_N = \boldsymbol{a}_N)$$

$$= \prod_{i=1}^{N} p_1(b_i|a_i) = \prod_{i=1}^{N} P(Y_1 = b_i \mid X_1 = a_i)$$

für Wörter der Länge N hat, wobei $\boldsymbol{a}_N = (a_1, \ldots, a_N) \in \mathcal{X}^N$ und $\boldsymbol{b}_N = (b_1, \ldots, b_N) \in \mathcal{Y}^N$.

Der Kanalkodierer hat M Kodewörter der Länge N zur Verfügung, die durch den Kanal übertragen und wieder richtig dekodiert werden sollen. Die Menge dieser Eingabewörter wird mit

$$\mathcal{C} = \{\boldsymbol{c}_1, \ldots, \boldsymbol{c}_M\} \subseteq \mathcal{X}^N$$

bezeichnet. Wird nun $\boldsymbol{c}_j \in \mathcal{C}$ in den Kanal eingegeben und übertragen, so erhält man auf der Ausgabeseite ein Wort $\boldsymbol{b}_N \in \mathcal{Y}^N$, das wegen der zufälligen Störungen im allgemeinen nicht mehr mit $\boldsymbol{c}_j$ übereinstimmt.

Das Problem lautet dann, das empfangene $\boldsymbol{b}_N$ richtig zu dekodieren, d.h. aus der Kenntnis von $\boldsymbol{b}_N$ zu entscheiden, welches Kodewort aus $\mathcal{C}$ gesendet wurde. Vernünftigerweise wird man dasjenige $\boldsymbol{c}_j$ dekodieren, welches bei empfangenem $\boldsymbol{b}_N$ die größte Wahrscheinlichkeit als Eingabewort aufweist. Dieses Konzept wird in verschiedener Hinsicht konkretisiert. Zunächst formalisieren wir den Begriff einer Dekodierregel.

Definition 5.3. *(Dekodierregel)*
Eine Partition $\mathcal{R} = \{R_1, \ldots, R_M\}$ von $\mathcal{Y}^N$ heißt Dekodierregel (englisch: decoding rule, decision scheme).

Dabei heißt $R_1, \ldots, R_M \subseteq \mathcal{Y}^N$ Partition von $\mathcal{Y}^N$, wenn $R_1, \ldots, R_M$ paarweise disjunkt sind und $\bigcup_{i=1}^{M} R_i = \mathcal{Y}^N$.

Jede Dekodierregel $\mathcal{R}$ kann äquivalent durch eine Funktion $h : \mathcal{Y}^N \to \mathcal{C}$ beschrieben werden, indem

$$h(\boldsymbol{b}_N) = \boldsymbol{c}_j, \text{ falls } \boldsymbol{b}_N \in R_j, \ j = 1, \ldots, m \tag{5.3}$$

gesetzt wird. Graphisch ergibt sich das folgende Bild.

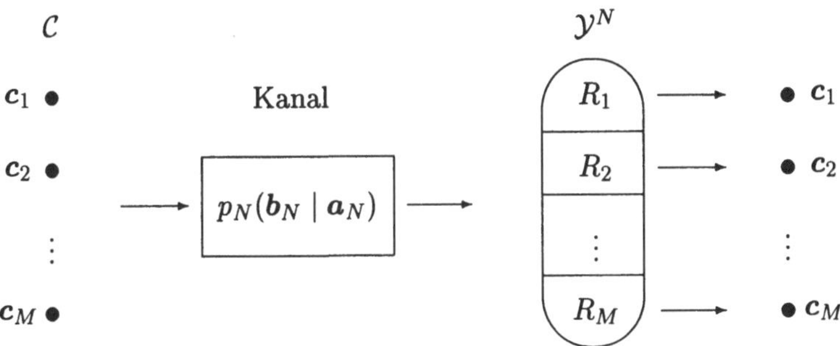

Dekodierregeln werden wie folgt angewendet. Ist $b_N \in R_j$ das empfangene Wort, so dekodiert man $c_j \in \mathcal{C}$, entscheidet also, daß $c_j \in \mathcal{C}$ gesendet wurde. Gute Dekodierregeln sind offensichtlich solche, die kleine Fehlerwahrscheinlichkeiten besitzen.

Definition 5.4. *(ME-Dekodierung)*
Eine Dekodierregel $R_1, \dots, R_M$ *mit*

$$b_N \in R_j \;\Rightarrow\; P(\boldsymbol{X}_N = c_j \,|\, \boldsymbol{Y}_N = b_N) \geq P(\boldsymbol{X}_N = c_i \,|\, \boldsymbol{Y}_N = b_N)$$

für alle $i = 1, \dots, M$ *und alle* $b_N \in \mathcal{Y}^N$ *mit* $P(\boldsymbol{Y}_N = b_N) > 0$ *heißt ME-Dekodierung (englisch: minimum error rule, ideal observer).*

Bei ME-Dekodierung wird zugunsten eines Kodeworts c_j entschieden, das maximale Wahrscheinlichkeit hat, gesendet worden zu sein, wenn b_N empfangen wurde. R_j enthält also nur solche Wörter b_N, für die obige Wahrscheinlichkeit maximal ist.

Für eine gegebene Kodewortmenge $\mathcal{C}$, Dekodierregel $\mathcal{R} = \{R_1, \dots, R_M\}$ und Inputverteilung $\boldsymbol{p} = (p_1, \dots, p_m)$ mit $p_j = P(\boldsymbol{X}_N = c_j)$, $j = 1, \dots, m$, $\sum_{j=1}^{m} p_j = 1$ bezeichne

$$e_j = P(\boldsymbol{Y}_N \notin R_j \mid \boldsymbol{X}_N = c_j) \tag{5.4}$$

die Wahrscheinlichkeit für eine Fehldekodierung, wenn c_j gesendet wurde, und

$$e = \sum_{j=1}^{M} e_j p_j \tag{5.5}$$

die Wahrscheinlichkeit für einen Dekodierfehler. ME-Dekodierungen sind in folgendem Sinn optimal.

Satz 5.2. *Bei fester Inputverteilung $p = (p_1, \ldots, p_m)$ minimieren ME-Dekodierungen unter allen Dekodierregeln die Fehlerwahrscheinlichkeit e aus (5.5).*

Beweis. Sei $\mathcal{R} = \{R_1, \ldots, R_M\}$ eine ME-Dekodierung. Dann gilt

$$
\begin{aligned}
e &= \sum_{j=1}^{M} P(\boldsymbol{Y}_N \notin R_j \mid \boldsymbol{X}_N = \boldsymbol{c}_j) P(\boldsymbol{X}_N = \boldsymbol{c}_j) \\
&= \sum_{j=1}^{M} P(\boldsymbol{Y}_N \notin R_j, \boldsymbol{X}_N = \boldsymbol{c}_j) \\
&= \sum_{j=1}^{M} \Big(P(\boldsymbol{X}_N = \boldsymbol{c}_j) - P(\boldsymbol{Y}_N \in R_j, \boldsymbol{X}_N = \boldsymbol{c}_j) \Big) \\
&= 1 - \sum_{j=1}^{M} \sum_{\boldsymbol{b}_N \in R_j} P(\boldsymbol{Y}_N = \boldsymbol{b}_N, \boldsymbol{X}_N = \boldsymbol{c}_j) \\
&= 1 - \sum_{j=1}^{M} \sum_{\boldsymbol{b}_N \in R_j} P(\boldsymbol{X}_N = \boldsymbol{c}_j \mid \boldsymbol{Y}_N = \boldsymbol{b}_N) P(\boldsymbol{Y}_N = \boldsymbol{b}_N) \\
&\leq 1 - \sum_{j=1}^{M} \sum_{\boldsymbol{b}_N \in S_j} P(\boldsymbol{X}_N = \boldsymbol{c}_j \mid \boldsymbol{Y}_N = \boldsymbol{b}_N) P(\boldsymbol{Y}_N = \boldsymbol{b}_N)
\end{aligned}
$$

für alle Dekodierregeln $S = \{S_1, \ldots, S_M\}$. Obige Ungleichung gilt, da $P(\boldsymbol{X}_N = \boldsymbol{c}_j \mid \boldsymbol{Y}_N = \boldsymbol{b}_N) = \max_{i=1,\ldots,M} P(\boldsymbol{X}_N = \boldsymbol{c}_i \mid \boldsymbol{Y}_N = \boldsymbol{b}_N)$ für alle $\boldsymbol{b}_N$ mit $P(\boldsymbol{Y}_N = \boldsymbol{b}_N) > 0$. Durch Rückwärtsumformen mit S_j anstelle von R_j entlang obiger Gleichungen erhält man den Dekodierfehler bezüglich der Dekodierregel S.

Ein Nachteil der ME-Dekodierregel ist, daß sie von der Inputverteilung p abhängt, die aber oft nicht bekannt ist. Selbst wenn sie bekannt ist, hängt bei Anwendung der ME-Dekodierung die Kanaldekodierung von stochastischen Eigenschaften der Quelle ab, was bei der Verwendung eines Kanals zur Übertragung von Signalen aus verschiedenen Quellen nicht erwünscht nicht. Diese Nachteile werden durch die folgende Dekodierregel vermieden.

Definition 5.5. *(ML-Dekodierung)*
Eine Dekodierregel $\mathcal{R} = \{R_1, \ldots, R_M\}$ mit

$$b_N \in R_j \;\Rightarrow\; P(Y_N = b_N \,|\, X_N = c_j) \geq P(Y_N = b_N \,|\, X_N = c_i)$$

für alle $i = 1, \ldots, M$, heißt ML-Dekodierung (englisch: maximum-likelihood decoding rule).

ML-Dekodierungen entscheiden also bei Empfang von b_N zugunsten des c_j, bei dessen Sendung der Empfang von b_N maximale bedingte Wahrscheinlichkeit hat.

Man beachte, daß im allgemeinen weder ME- noch ML-Dekodierungen eindeutig sind. Wörter b_N, bei denen die bedingten Wahrscheinlichkeiten in Definition 5.4 und 5.5 übereinstimmen, können verschiedenen Mengen R_j zugeordnet werden, ohne die Optimalitätseigenschaften zu verletzen.

Im Fall einer auf C gleichverteilten Eingabe X_N sind beide Dekodierregeln äquivalent, wie das folgende Lemma zeigt.

Lemma 5.2. *Wenn $P(X_N = c_j) = \frac{1}{M}$ für alle $j = 1, \ldots, M$, so ist jede ME-Dekodierung eine ML-Dekodierung und umgekehrt, d.h. ME- und ML-Dekodierung sind in diesem Fall äquivalent.*

Beweis. Für alle $b_N \in \mathcal{Y}^N$ mit $P(Y_N = b_N) > 0$ gilt unter der Gleichverteilungsannahme

$$P(X_N = c_j \,|\, Y_N = b_N) = \frac{P(Y_N = b_N \,|\, X_N = c_j)}{P(Y_N = b_N)\,P(X_N = c_j)}$$

$$= \frac{1}{M\,P(Y_N = b_N)}P(Y_N = b_N \,|\, X_N = c_j).$$

Hieraus folgt, daß

$$P(X_N = c_j \,|\, Y_N = b_N) \geq P(X_N = c_i \,|\, Y_N = b_N)$$

für alle $i = 1, \ldots, M$ genau dann, wenn

$$P(\boldsymbol{Y}_N = \boldsymbol{b}_N \mid \boldsymbol{X}_N = \boldsymbol{c}_j) \geq P(\boldsymbol{Y}_N = \boldsymbol{b}_N \mid \boldsymbol{X}_N = \boldsymbol{c}_i)$$

für alle $i = 1, \ldots, M$. Die Behauptung folgt jetzt aus den Definitionen von ME- und ML-Dekodierung.

Im weiteren wird die sogenannte Hamming-Distanz als Abstandsbegriff zwischen Wörtern benötigt.

Definition 5.6. *(Hamming-Distanz)*
Seien $\boldsymbol{b}_N = (b_1, \ldots, b_N)$, $\boldsymbol{b}'_N = (b'_1, \ldots, b'_N) \in \mathcal{Y}^N$. Die Anzahl verschiedener Komponenten von $\boldsymbol{b}_N$ und $\boldsymbol{b}'_N$,

$$d(\boldsymbol{b}_N, \boldsymbol{b}'_N) = \big|\{i \mid b_i \neq b'_i,\ i = 1, \ldots, N\},$$

heißt Hamming-Distanz zwischen $\boldsymbol{b}_N$ und $\boldsymbol{b}'_N$.

Die Hamming-Distanz ist eine Metrik auf $\mathcal{Y}^N$, denn sie genügt für alle $\boldsymbol{a}_N, \boldsymbol{b}_N, \boldsymbol{c}_N \in \mathcal{Y}^N$ den Forderungen (i) $d(\boldsymbol{a}_N, \boldsymbol{b}_N) = 0 \Leftrightarrow \boldsymbol{a}_N = \boldsymbol{b}_N$, (ii) $d(\boldsymbol{a}_N, \boldsymbol{b}_N) = d(\boldsymbol{b}_N, \boldsymbol{a}_N)$ und (iii) $d(\boldsymbol{a}_N, \boldsymbol{c}_N) \leq d(\boldsymbol{a}_N, \boldsymbol{b}_N) + d(\boldsymbol{b}_N, \boldsymbol{c}_N)$. Stimmen nun Eingabe- und Ausgabealphabet eines Kanals überein, kann mit Hilfe dieses Abstandsmaßes auf der Menge der Wörter der Länge N die folgende einfache Dekodierregel implementiert werden.

Definition 5.7. *(MD-Dekodierung)*
Ist $\mathcal{X} = \mathcal{Y}$, so heißt eine Dekodierregel $\mathcal{R} = \{R_1, \ldots, R_M\}$ MD-Dekodierung, wenn

$$\boldsymbol{b}_N \in R_j \ \Rightarrow \ d(\boldsymbol{b}_N, \boldsymbol{c}_j) \leq d(\boldsymbol{b}_N, \boldsymbol{c}_i) \text{ für alle } i = 1, \ldots, M.$$

Obwohl MD-Dekodierung nicht von den Übertragungswahrscheinlichkeiten des Kanals abhängt, können bei einem binären symmetrischen Kanal ML-Dekodierregeln als MD-Dekodierer implementiert werden.

Satz 5.3. *Für einen binären symmetrischen Kanal mit $0 < \varepsilon \leq \frac{1}{2}$ sind ML-Dekodierung und MD-Dekodierung äquivalent.*

Beweis. $\mathcal{C} = \{c_1, \ldots, c_M\}$ sei der Eingabekode, wobei $c_j = (c_{j1}, \ldots, c_{jN})$, $j = 1, \ldots, M$. Es gilt

$$P(\boldsymbol{Y}_N = \boldsymbol{b}_N \mid \boldsymbol{X}_N = \boldsymbol{c}_j) = \prod_{i=1}^{N} P(Y_1 = b_i \mid X_1 = c_{ji})$$
$$= \varepsilon^{d(\boldsymbol{b}_N, \boldsymbol{c}_j)} (1 - \varepsilon)^{N - d(\boldsymbol{b}_N, \boldsymbol{c}_j)}.$$

$f_\varepsilon(x) = \varepsilon^x (1 - \varepsilon)^{N-x}$ ist monoton fallend in $x \in [0, N]$, falls $0 < \varepsilon \leq \frac{1}{2}$, da $f'_\varepsilon(x) = \varepsilon^x (1 - \varepsilon)^{N-x} \big(\ln \varepsilon - \ln(1 - \varepsilon) \big) \leq 0$. Es folgt $d(\boldsymbol{b}_N, \boldsymbol{c}_j) \leq d(\boldsymbol{b}_N, \boldsymbol{c}_i)$ für alle $i = 1, \ldots, M$ genau dann, wenn $P(\boldsymbol{Y}_N = \boldsymbol{b}_N \mid \boldsymbol{X}_N = \boldsymbol{c}_j) \geq P(\boldsymbol{Y}_N = \boldsymbol{b}_N \mid \boldsymbol{X}_N = \boldsymbol{c}_i)$ für alle $i = 1, \ldots, M$. Hieraus folgt die Behauptung. ∎

5.3 Der Shannonsche Fundamentalsatz

Es ist einsichtig, daß man auch bei einem gestörten Kanal mit kleiner Fehlerwahrscheinlichkeit übertragen kann, wenn ein hoher Aufwand zur Fehlerkorrektur betrieben wird. Man könnte etwa jedes Symbol n-mal hintereinander wiederholen, und der Empfänger entscheidet sich für das Symbol, das er am häufigsten dekodiert hat. Offensichtlich wird bei diesem naiven Verfahren der Durchsatz mit sinkender Fehlerrate immer geringer. Generell könnte dies Anlaß zu der Vermutung geben, daß bei einem verrauschten Kanal die Zuverlässigkeit der Übertragung mit steigendem Aufwand für fehlerkorrigierende Symbole erkauft werden muß.

Daß dies nicht so ist, zeigt der in diesem Abschnitt behandelte Shannonsche Fundamentalsatz. In der englischsprachigen Literatur findet er sich unter dem Stichwort "Fundamental Theorem of Information Theory" oder "Noisy Coding Theorem". Entgegen der obigen Vermutung zeigt dieses wichtige Ergebnis, daß eine Übertragung mit beliebig kleiner Fehlerwahrscheinlichkeit ohne Reduzierung der Datenrate möglich ist, sofern die Datenrate kleiner als die Kanalkapazität (s. Definition 5.2) ist. Um kleine Fehlerwahrscheinlichkeiten zu erreichen, werden Blockkodes eingesetzt, deren Länge allerdings mit fallender Fehlerwahrscheinlichkeit wächst. Die hierdurch bedingte aufwendige Kodierung und Dekodierung sind der Preis, den man für die zuverlässige Übertragung zahlen muß.

Andererseits kann diese Schranke nicht überschritten werden. Die Umkehrung des Fundamentalsatzes besagt, daß bei Datenraten oberhalb der Kapazität und einer Gleichverteilung als Inputverteilung stets mit positiver Wahrscheinlichkeit Fehler auftreten, egal wie ausgeklügelt die Kodier- und Dekodierregeln sind.

Wie bisher sei $\mathcal{C} = \{c_1, \ldots, c_M\} \subseteq \mathcal{X}^N$ ein Eingabekode aus M Wörtern der Länge N. Zugehörige Dekodierregeln werden mit $\mathcal{R} = \{R_1, \ldots, R_M\} \subseteq \mathcal{Y}^N$ bezeichnet, die in der Regel von dem verwendeten Eingabekode abhängen, also $R_j = R_j(\mathcal{C}) = R_j(c_1, \ldots, c_M)$.

Zur Beurteilung der Güte eines Kodes werden die Fehlerwahrscheinlichkeiten (5.4) und (5.5) herangezogen. Mit den folgenden Notationen wird die Abhängigkeit von $\mathcal{C}$ betont. Es bezeichne

$$e_j(\mathcal{C}) = P(\boldsymbol{Y}_N \notin R_j(\mathcal{C}) \mid \boldsymbol{X}_N = c_j) \tag{5.6}$$

die Wahrscheinlichkeit für eine Fehldekodierung, wenn c_j gesendet wurde,

$$e(\mathcal{C}) = \sum_{j=1}^{M} e_j(\mathcal{C}) P(\boldsymbol{X}_N = c_j) \tag{5.7}$$

die Wahrscheinlickeit für eine Fehldekodierung und

$$\bar{e}(\mathcal{C}) = \frac{1}{M} \sum_{j=1}^{M} e_j(\mathcal{C}) \tag{5.8}$$

die mittlere Wahrscheinlichkeit für eine Fehldekodierung. Diese stimmt mit (5.7) überein, wenn die Inputverteilung eine Gleichverteilung auf $\mathcal{C}$ ist. Schließlich bezeichnet

$$\hat{e}(\mathcal{C}) = \max_{1 \leq j \leq M} e_j(\mathcal{C}) \tag{5.9}$$

die maximale Wahrscheinlichkeit für Fehldekodierung.

Offensichtlich gilt $e(\mathcal{C}) \leq \hat{e}(\mathcal{C})$ für jede Inputverteilung $P^{\boldsymbol{X}_N}$ auf $\mathcal{C}$, so daß mit jeder oberen Schranke für $\hat{e}(\mathcal{C})$ auch eine obere Schranke für $e(\mathcal{C})$ unabhängig von der Inputverteilung gewonnen wird.

Um das Verständnis des folgenden allgemeinen Fundamentalsatzes zu erleichtern, formulieren wir vorab eine spezielle Version für den binären symmetrischen Kanal und interpretieren die Aussage in einem nachfolgenden Beispiel. Verwendet werden hierbei Logarithmen zur Basis 2. Man beachte, daß dann für die Kanalkapazität $C \leq 1$ gilt (s. Beispiel 5.2). Es werden Eingabekodes mit höchstens 2^{CN} Wörtern der Länge N verwendet, wobei $2^{CN} \leq 2^N$, der Anzahl aller Eingabewörter der Länge N.

Satz 5.4. *Gegeben sei ein binärer symmetrischer Kanal mit Kapazität C. Seien R eine Konstante mit $0 < R < C$ und $\varepsilon > 0$. Für $M_N = \lfloor 2^{RN} \rfloor$ existiert eine Folge von Kodes $\mathcal{C}_N \subseteq \{0,1\}^N$ mit M_N Kodewörtern der Länge N derart, daß bei ML-Dekodierung $\hat{e}(\mathcal{C}_N) \leq \varepsilon$ für alle genügend großen N.*

Die ML-Dekodierung darf hierbei durch eine beliebige andere Dekodierregel ersetzt werden, die einen kleineren maximalen Fehler $\hat{e}(\mathcal{C}_N)$ liefert.

Beispiel 5.3. Betrachtet wird ein BSC mit einer Wahrscheinlichkeit für Fehlübertragung von $\varepsilon = 0.03$. Die Kanalkapazität beträgt dann nach Gleichung (5.2) in Beispiel 5.2

$$C = 1 - H(\varepsilon, 1 - \varepsilon) = 1 + 0.03 \log_2 0.03 + 0.97 \log_2 0.97 = 0.8056.$$

Wegen Satz 5.4 existieren dann für $R = 0.75 < C$ für genügend große N $\lfloor 2^{0.75\,N} \rfloor$ Kodewörter der Länge N aus $\mathcal{X}^N$ mit $\hat{e}(\mathcal{C}_N) \leq \varepsilon$. Konkret ergeben sich die in der folgenden Tabelle angegebenen Werte. In der letzten Zeile ist der prozentuale Anteil der für den Kode $\mathcal{C}_n$ benutzten Kodewörter aus der Menge aller Kodewörter der Länge N angegeben. Man sieht, daß dieser rapide fällt.

N	10	20	30
$\lvert \mathcal{X}^N \rvert = 2^N$	1024	1048576	$1.0737 \cdot 10^9$
$\lfloor 2^{0.75N} \rfloor$	181	32768	$5.931 \cdot 10^6$
$100 \cdot 2^{0.75N}/2^N$	17.7 %	3.1 %	0.552 %

Ist der Eingabekode $\mathcal{C}_N$ bekannt, wird Satz 5.4 wie folgt umgesetzt. Der Nachrichtenstrom aus Nullen und Einsen wird in Blöcke der Länge $K =$

$0.75\,N$ geteilt, wobei im folgenden zur Vereinfachung $0.75\,N \in \mathbb{N}$ angenommen wird. Für jeden dieser Blöcke steht dann eines der $2^K = 2^{0.75N}$ Kodewörter der Länge N zur Verfügung, die bei genügend großem N mit beliebig kleiner Fehlerwahrscheinlichkeit übertragen werden können.

Diese Aussage kann auch in zeitbezogenen Einheiten interpretiert werden. Die Zeit wird durch die Forderung normiert, daß der Kanal 1 Symbol pro Zeiteinheit (ZE) überträgt. Die angeschlossene Quelle, bzw. der zugehörige Quellenkodierer produziere 0.75 Symbole pro ZE. Wartet man $K = 0.75\,N$ Symbole der Quelle ab und kodiert diesen Block durch ein Kodewort der Länge N, so steht für jedes der $2^{0.75\,N}$ möglichen Wörter der Quelle ein Kodewort der Länge N aus $\mathcal{C}_N$ zur Verfügung, das mit kleiner Fehlerwahrscheinlichkeit übertragen werden kann. Quelle und Kanal können also synchron arbeiten.

R kann maximal in der Größenordnung von 0.8 gewählt werden. Mit der zeitsynchronen Kopplung von Quelle und Kanal bedeutet dies, daß ein Übertragungsfehler von 3 % eine Reduktion der Datenrate auf 80 % erforderlich macht, um zuverlässige Übertragung erzielen zu können. Eine analoge Rechnung zeigt, daß bei einem Übertragungsfehler von 1 % nur 91.9 % der maximalen Datenrate zur Verfügung steht.

Der Preis für die kleine Fehlerwahrscheinlichkeit ist das für großes N komplizierte und zeitaufwendige Kodier- bzw. Dekodierverfahren. Wie die zugehörigen Kodes $\mathcal{C}_N$ konkret aussehen, ist nicht bekannt, da bisher vorliegende Beweise des Fundamentalsatzes nicht konstruktiv sind. Die wesentliche Aussage des Fundamentalsatzes ist, daß es solche Kodes gibt. ∎

Im folgenden wird ein diskreter Kanal $\{(X_n, Y_n)\}_{n\in\mathbb{N}}$ mit Übertragungswahrscheinlichkeiten

$$P(Y_N = b_N \mid X_N = a_N) = p_N(b_N|a_N),\ a_N \in \mathcal{X}^N,\ b_N \in \mathcal{Y}^N \quad (5.10)$$

und Ein- bzw. Ausgabealphabet $\mathcal{X} = \{x_1, \ldots, x_m\}$ bzw. $\mathcal{Y} = \{y_1, \ldots, y_d\}$ betrachtet. Der Beweis des Fundamentalsatzes beruht auf der Herleitung einer exponentiellen Schranke für die maximale Fehlerwahrscheinlichkeit. Als beweistechnisches Hilfsmittel werden Zufallskodes benutzt.

Definition 5.8. *Stochastisch unabhängige Zufallsvariable $C_1, \ldots, C_M$, identisch verteilt jeweils mit Träger $\mathcal{X}^N$, heißen (M, N)-Zufallskode.*

Im folgenden wird stets angenommen, daß die Zufallskodes stochastisch unabhängig von den Zufallsvariablen sind, die den Kanal definieren. Durch eine

Realisation $c_1, \ldots, c_M$ von $C_1, \ldots, C_M$ wird zufällig ein Kode bestimmt, wobei einzelne Kodewörter eventuell mehrfach vorkommen können, wenn auch für großes M und N mit kleiner Wahrscheinlichkeit.

ML-Dekodierung bei Zufallskodes $C_1, \ldots, C_M : (\Omega, \mathcal{A}, P) \to (\mathcal{X}^N, \mathfrak{P}(\mathcal{X}^N))$ ist punktweise für $\omega \in \Omega$ zu verstehen. Die Partition

$$R_1\big(C_1(\omega), \ldots, C_M(\omega)\big), \ldots, R_M\big(C_1(\omega), \ldots, C_M(\omega)\big)$$

ist wie in Definition 5.5 bei festem $\omega \in \Omega$ definiert. Meßbarkeitsfragen interessieren in diesem Zusammenhang nicht, die in späteren Beweisen benötigten Wahrscheinlichkeiten sind alle wohldefiniert.

Lemma 5.3. $C_1, \ldots, C_M$ *sei ein* (M, N)*-Zufallskode. Dann gilt bei ML-Dekodierung für alle* $j = 1, \ldots, M$ *und* $0 \leq \rho \leq 1$

$$\mathrm{E}\big(e_j\ (\ C_1, \ldots, C_M)\big)$$

$$\leq (M-1)^\rho \sum_{b \in \mathcal{Y}^N} \left(\sum_{a \in \mathcal{X}^N} P(C_1 = a)\, \big(p_N(b|a)\big)^{1/(1+\rho)} \right)^{1+\rho}.$$

Beweis. Für alle $c_1, \ldots, c_M \in \mathcal{X}^N$, $j = 1, \ldots, M$ gilt

$$
\begin{aligned}
e_j(c_1, \ldots, c_M) &= P(Y_N \notin R_j(c_1, \ldots, c_M) \mid X_N = c_j) \\
&= \sum_{b \notin R_j(c_1, \ldots, c_M)} p_N(b|c_j) \\
&= \sum_{b \in \mathcal{Y}^N} p_N(b|c_j)\, \mathbb{I}_{R_j^c(c_1, \ldots, c_M)}(b).
\end{aligned}
$$

Setzt man nun einen Zufallskode $C_1, \ldots, C_M$ ein, folgt unter Verwendung elementarer Rechenregeln für bedingte Erwartungswerte, daß für jedes $j = 1, \ldots, M$

$$
\begin{aligned}
\mathrm{E}\big(e_j(C_1, \ldots, C_M)\big) &= \sum_{a \in \mathcal{X}^N} \mathrm{E}\big(e_j(C_1, \ldots, C_M) \mid C_j = a\big) P(C_j = a) \\
&= \sum_{a \in \mathcal{X}^N} \mathrm{E}\big(e_j(C_1, \ldots, a, \ldots, C_M)\big) P(C_j = a)
\end{aligned}
$$

$$= \sum_{a\in\mathcal{X}^N} \mathrm{E}\Big(\sum_{b\in\mathcal{Y}^N} p_N(b|a)\mathbb{I}_{R_j^c(C_1,\ldots,a,\ldots,C_M)}(b)\Big) P(C_j = a)$$

$$= \sum_{a\in\mathcal{X}^N} P(C_j = a) \sum_{b\in\mathcal{Y}^N} p_N(b|a) P\big(R_j(C_1,\ldots,a,\ldots,C_M) \not\ni b\big),$$

wobei a jeweils an der j-ten Stelle steht. Bei Anwendung von ML-Dekodierung gilt punktweise für jedes Argument ω des Zufallskodes und alle $a \in \mathcal{X}^N$

$$b \notin R_j(C_1,\ldots,a_N,\ldots,C_M) \;\Rightarrow\; \exists\, i \neq j \text{ mit } p_N(b|a) \leq p_N(b|C_i).$$

Hiermit erhalten wir für alle $0 \leq \rho \leq 1$ und $s > 0$ die folgenden Abschätzungen

$$P\big(b \notin R_j(C_1,\ldots,a,\ldots,C_M)\big)$$

$$\leq P\Big(\bigcup_{i\neq j} \{p_N(b|a) \leq p_N(b|C_i)\}\Big)$$

$$\leq \Big(\sum_{i\neq j} P(p_N(b|a) \leq p_N(b|C_i))\Big)^{\rho}$$

$$\leq \Big(\sum_{i\neq j} \sum_{c\in\mathcal{X}^N,\, p_N(b|a)\leq p_N(b|c)} P(C_i = c)\Big)^{\rho}$$

$$\leq \Big(\sum_{i\neq j} \sum_{c\in\mathcal{X}^N} P(C_1 = c)\Big(\frac{p_N(b|c)}{p_N(b|a)}\Big)^{s}\Big)^{\rho}$$

$$= \Big((M-1) \sum_{c\in\mathcal{X}^N} P(C_1 = c) \frac{p_N(b|c)^s}{p_N(b|a)^s}\Big)^{\rho}.$$

Insgesamt folgt für den Erwartungswert von e_j

$$\mathrm{E}\big(e_j(C_1,\ldots,C_M)\big)$$

$$\leq \sum_{a\in\mathcal{X}^N} P(C_j = a) \sum_{b\in\mathcal{Y}^N} p_N(b|a)$$

$$\cdot \Big((M-1) \sum_{c\in\mathcal{X}^N} P(C_1 = c)\frac{p_N(b|c)^s}{p_N(b|a)^s}\Big)^{\rho}$$

$$= (M-1)^{\rho} \sum_{b\in\mathcal{Y}^N} \Big(\sum_{a\in\mathcal{X}^N} P(C_1 = a)\, p_N(b|a)^{1-s\rho}\Big)$$

$$\cdot \Big(\sum_{c\in\mathcal{X}^N} P(C_1 = c)p_N(b|c)^s\Big)^{\rho}.$$

Setzt man nun $s = 1/(1+\rho)$, äquivalent $1 - s\rho = 1/(1+\rho)$, ergibt sich schließlich

$$\mathrm{E}\big(e_j(C_1,\ldots,C_M)\big)$$
$$\leq (M-1)^\rho \sum_{b\in\mathcal{Y}^N} \Big(\sum_{a\in\mathcal{X}^N} P(C_1 = a)\big(p_N(b|a)\big)^{1/(1+\rho)} \Big)^{1+\rho}.$$

∎

Im Beweis von Lemma 5.3 wird die Gedächtnislosigkeit des Kanals nicht gebraucht. Die Aussage gilt also für einen beliebigen diskreten Kanal, dessen Übertragungswahrscheinlichkeiten durch ein System bedingter Zähldichten (5.10) gegeben ist. Wird zusätzlich die Gedächtnislosigkeit eingesetzt, erhält man die folgende Abschätzung.

Lemma 5.4. $\{(X_n, Y_n)\}_{n\in\mathbb{N}}$ *sei ein diskreter gedächtnisloser Kanal und* $(C_1,\ldots,C_M)$ *ein Zufallskode,* $C_j = (C_{j1},\ldots,C_{jN})$ *mit stochastisch unabhängigen, identisch verteilten* $C_{j\ell}$, $j = 1,\ldots,M$, $\ell = 1,\ldots,N$. *Die Verteilung von* $C_{j\ell}$ *auf* $\mathcal{X}$ *werde durch den stochastischen Vektor* $q = (q_1,\ldots,q_m) \in \mathcal{P}_m$ *beschrieben. Bei ML-Dekodierung gilt dann für alle* $0 \leq \rho \leq 1$, $j = 1,\ldots,M$, *daß*

$$\mathrm{E}\big(e_j(C_1,\ldots,C_M)\big)$$
$$\leq (M-1)^\rho \bigg(\sum_{j=1}^d \Big(\sum_{i=1}^m q_i\, p_1(y_j|x_i)^{1/(1+\rho)} \Big)^{1+\rho} \bigg)^N. \tag{5.11}$$

Beweis. Einsetzen in Lemma 5.3 liefert

$$\mathrm{E}\big(e_j(C_1,\ldots,C_M)\big)$$
$$\leq (M-1)^\rho \cdot$$
$$\sum_{b_1,\ldots,b_N\in\mathcal{Y}} \Big(\sum_{a_1,\ldots,a_N\in\mathcal{X}} \prod_{\ell=1}^N P(C_{1\ell} = a_\ell)\, p_1(b_\ell|a_\ell)^{1/(1+\rho)} \Big)^{1+\rho}$$
$$= (M-1)^\rho \sum_{b_1,\ldots,b_N\in\mathcal{Y}} \prod_{\ell=1}^N \Big(\sum_{i=1}^m q_i\, p_1(b_\ell|x_i)^{1/(1+\rho)} \Big)^{1+\rho}$$
$$= (M-1)^\rho \prod_{\ell=1}^N \sum_{j=1}^d \Big(\sum_{i=1}^m q_i\, p_1(y_j|x_i)^{1/(1+\rho)} \Big)^{1+\rho}.$$

Die Summe der betrachteten Wahrscheinlichkeiten ist unabhängig von ℓ, so daß die Behauptung folgt. ∎

Die Doppelsumme in (5.11) wird im folgenden mit

$$F(\rho, \boldsymbol{q}) = \sum_{j=1}^{d} \left(\sum_{i=1}^{m} q_i\, p_1(y_j|x_i)^{1/(1+\rho)} \right)^{1+\rho}$$

abgekürzt. Dann ist

$$\begin{aligned} \mathrm{E}\big(e_j(\boldsymbol{C}_1,\ldots,\boldsymbol{C}_M)\big) &\leq (M-1)^\rho F(\rho,\boldsymbol{q})^N \\ &= \exp\big(\rho\ln(M-1) + N\ln F(\rho,\boldsymbol{q})\big) \\ &\leq \exp\big(\rho\ln M + N\ln F(\rho,\boldsymbol{q})\big). \end{aligned}$$

Setzt man nun noch

$$G(\rho,\boldsymbol{q}) = -\ln F(\rho,\boldsymbol{q}) \quad\text{und}\quad R = (\ln M)/N, \tag{5.12}$$

so folgt für alle $M, N \in \mathbb{N}$ und $0 \leq \rho \leq 1$, daß

$$\mathrm{E}\big(e_j(\boldsymbol{C}_1,\ldots,\boldsymbol{C}_M)\big) \leq \exp\big(-N(G(\rho,\boldsymbol{q}) - \rho R)\big). \tag{5.13}$$

R ist die Quellenrate. Sie ergibt sich in Satz 5.4 durch Auflösen der Gleichung $M = 2^{RN}$ nach R mit Logarithmen zur Basis 2.

Um eine möglichst scharfe obere Schranke für den erwarteten Dekodierfehler zu erhalten, wählen wir $\rho \in [0,1]$ und $\boldsymbol{q} = (q_1,\ldots,q_m) \in \mathcal{P}_m$ so, daß die rechte Seite von (5.13) möglichst klein wird. Zu bestimmen ist dann

$$\max_{0\leq\rho\leq 1}\ \max_{\boldsymbol{q}\in\mathcal{P}_m}\ \big(G(\rho,\boldsymbol{q}) - \rho R\big) = G^*(R). \tag{5.14}$$

Obiges Maximum wird angenommen, da eine stetige Funktion mit kompaktem Definitionsbereich vorliegt.

Satz 5.5. $\{(X_n, Y_n)\}_{n\in\mathbb{N}}$ *sei ein diskreter gedächtnisloser Kanal. Bei ML-Dekodierung existieren für alle* $N \in \mathbb{N}$ *Kodewörter* $\boldsymbol{c}_1,\ldots,\boldsymbol{c}_M \in \mathcal{X}^N$ *so, daß*

$$\hat{e}(\boldsymbol{c}_1,\ldots,\boldsymbol{c}_M) \leq 4e^{-NG^*(R)}.$$

Gilt $4e^{-NG^*(R)} < 1$, *so existieren paarweise verschiedene* $\boldsymbol{c}_1,\ldots,\boldsymbol{c}_M$.

Beweis. Wir ersetzen in Lemma 5.4 M durch $2M$ und benutzen für $C_{j\ell}$ die (5.14) maximierende Verteilung q^*. Für den mittleren erwarteten Dekodierfehler der $2M$ Wörter gilt dann

$$\frac{1}{2M} \sum_{j=1}^{2M} \mathrm{E}\big(e_j(C_1,\ldots,C_{2M})\big) \le e^{-NG^*(R)} = e^{-NG^*(\ln 2M/N)}$$

Dann existieren ein Argument ω des zugrundeliegenden Wahrscheinlichkeitsraums Ω und $2M$ Kodewörter $c_1 = C_1(\omega),\ldots,c_{2M} = C_{2M}(\omega) \in \mathcal{X}^N$ mit

$$\frac{1}{2M} \sum_{j=1}^{2M} e_j(c_1,\ldots,c_{2M}) \le e^{-NG^*(\ln 2M/N)}. \tag{5.15}$$

Die Existenz von $\omega \in \Omega$ mit der angegebenen Eigenschaft ist klar. ("Es können nicht alle mehr verdienen als der Durchschnitt.") Allerdings ist diese Stelle im Beweis hochgradig nicht konstruktiv. Da lediglich die Verteilung des Zufallskodes, nicht aber das punktweise Verhalten spezifiziert ist, besteht keine Möglichkeit, die Realisation $c_1,\ldots,c_{2M}$ konstruktiv zu bestimmen. Wir müssen uns hier mit der Existenzaussage begnügen.
Nun entfernt man aus $c_1,\ldots,c_{2M}$ genau M Kodewörter, insbesondere alle diejenigen mit $e_k(c_1,\ldots,c_{2M}) \ge 2e^{-NG^*(\ln 2M/N)}$. Höchstens M Stück erfüllen diese Bedingung, sonst würde ein Widerspruch zu (5.15) bestehen. Die verbleibenden M Kodewörter bilden einen Teilkode $c_{i_1},\ldots,c_{i_M}$ mit

$$\begin{aligned}
e_j(c_{i_1},\ldots,c_{i_M}) &\le 2\exp\big(-NG^*(\ln 2M/N)\big) \\
&= 2\exp\big(-N \max_{0\le\rho\le 1} \max_{q\in\mathcal{P}_m}\{G(\rho,q) - \rho\ln 2M/N\}\big) \\
&= 2\exp\big(-N \max_{0\le\rho\le 1} \max_{q\in\mathcal{P}_m}\{G(\rho,q) - \rho\ln M/N - \rho\ln 2/N\}\big) \\
&\le 2\exp\big(-NG^*(\ln M/N) + \ln 2\big) = 4\exp\big(-NG^*(R)\big)
\end{aligned}$$

für alle $j \in \{i_1,\ldots,i_M\}$.
Die Behauptung, daß paarweise verschiedene Kodewörter existieren, sieht man so ein. Angenommen zwei Kodewörter sind gleich, etwa $c_i = c_j$. Dann existiert eine ML-Delodierung mit $R_j = \emptyset$, und es gilt $e_j(c_1,\ldots,c_M) = P(Y_n \notin R_j \mid X_N = c_j) = 1$, im Widerspruch zu der Annahme, daß die obere Schranke für den maximalen Fehler kleiner als 1 ist. ∎

Satz 5.5 liefert eine in N exponentiell schnell fallende Fehlerschranke, wenn $G^*(R) > 0$ ist. Wir werden jetzt untersuchen, wann dies der Fall ist. Benötigt werden zwei vorbereitende Lemmata.

Lemma 5.5. *Sei $g : [0,1] \to \mathbb{R}$ eine stetig differenzierbare Funktion mit $g(0) = 0$. Dann folgt aus $R < g'(0)$, daß $\max_{0 \le \rho \le 1} \{g(\rho) - \rho R\} > 0$. $g'(0)$ bedeutet hierbei die rechtsseitige Ableitung im Punkt 0.*

Beweis. Das Maximum der stetigen Funktion $g(\rho) - \rho R$ wird auf dem Intervall $[0,1]$ angenommen. Angenommen, für alle $\rho \in [0,1]$ wäre $g(\rho) \le \rho R$. Sei $\rho_n \in [0,1]$, $n \in \mathbb{N}$, eine Folge mit $\lim_{n \to \infty} \rho_n = 0$. Der Mittelwertsatz liefert die Existenz von Zwischenpunkten $\xi_n \in [0, \rho_n]$ mit $g'(\xi_n) = g(\rho_n)/\rho_n \le R$ für alle $n \in \mathbb{N}$. Also ist $g'(\xi_n) \le R$. Aufgrund der Stetigkeit folgt $g'(0) \le R$. Dies ist ein Widerspruch zur Voraussetzung und zeigt die Behauptung.   ∎

Lemma 5.6. *Für alle $0 \le \rho \le 1$, $q \in \mathcal{P}_m$ gilt*

$$0 \le \left. \frac{d}{d\rho} G(\rho, q) \right|_{\rho=0+} \le C,$$

wobei Gleichheit gilt, wenn q^* eine Verteilung ist, die die Transinformation des diskreten gedächtnislosen Kanals maximiert.

Beweis. Es gilt

$$\begin{aligned}
\left. \frac{d}{d\rho} G(\rho, q) \right|_{\rho=0+} &= \sum_{i=1}^{m} \sum_{j=1}^{d} q_i \, p_1(y_j|x_i) \ln \frac{p_1(y_j|x_i)}{\sum_{k=1}^{m} q_k \, p_1(y_j|x_k)} \\
&= I(X_1, Y_1).
\end{aligned}$$

Dies ist die Transinformation des Kanals bei Inputverteilung $(q_1, \ldots, q_m)$. Nach Definition der Kanalkapazität ist $\left. \frac{d}{d\rho} G(\rho, q) \right|_{\rho=0+} \le C$, wobei Gleichheit gilt, wenn $q = q^*$.   ∎

Insgesamt kann nun wie folgt geschlossen werden. Aus $R = \ln M/N < C = \left. \frac{d}{d\rho} G(\rho, q^*) \right|_{\rho=0+}$ folgt mit Lemma 5.5

$$\max_{0 \le \rho \le 1} \{G(\rho, q^*) - \rho R\} > 0,$$

so daß

$$G^*(R) = \max_{\boldsymbol{q}\in\mathcal{P}_m} \max_{0\leq\rho\leq 1} \{G(\rho,\boldsymbol{q}) - \rho R\} \geq \max_{0\leq\rho\leq 1} \{G(\rho,\boldsymbol{q}^*) - \rho R\} > 0.$$

Wendet man noch Satz 5.5 an, ergibt sich die Aussage des nun folgenden Fundamentalsatzes.

Satz 5.6. *(Shannonscher Fundamentalsatz)*
Gegeben sei ein diskreter gedächtnisloser Kanal mit Kapazität C und eine Konstante R mit $0 < R < C$. $M_N \in \mathbb{N}$ sei eine Folge mit $\frac{\log M_N}{N} < R$. Dann existieren eine Folge von Kodes $\mathcal{C}_N$ mit M_N Kodewörtern der Länge N und eine Konstante $A > 0$ mit

$$\hat{e}(\mathcal{C}_N) \leq 4e^{-NA} \to 0 \quad (N \to \infty).$$

Man könnte versuchen, die obige Beweismethode mit Zufallskodes in die Praxis umzusetzen, indem $2M$ Kodewörter zufällig erzeugt werden und aus diesen M Kodewörter mit kleiner Fehlerwahrscheinlichkeit ausgesucht werden. Der Beweismethode von Lemma 5.5 entsprechend kann man hoffen, daß hierdurch in der Mehrzahl der Fälle brauchbare Kodes entstehen. Dieses Verfahren ist jedoch nicht praktikabel, da zufällig erzeugte Kodes in der Regel keine besondere Struktur haben. Diese ist jedoch nötig, um effiziente Kodier- und Dekodieralgorithmen zu entwerfen. Aus diesem Grund sind fehlerkorrigierende Kodes insbesondere unter algorithmischen und algebraischen Aspekten entwickelt worden.

Es ist wichtig, alle auftretenden Logarithmen im Fundamentalsatz zur gleichen Basis zu wählen, auch die in der Transinformation $I(X_1,Y_1)$ zur Bestimmung der Kanalkapazität C auftretenden. Es erweist sich als bequem, Logarithmen zur Basis m zu verwenden. Die Bedingung $\log M_N/N < R$ kann dann äquivalent umgeformt werden in $M_N < m^{NR} < m^N$, da $R < C \leq 1$. m^N ist die Anzahl aller möglichen Wörter der Länge N über $\mathcal{X} = \{x_1,\ldots,x_m\}$. Der Kanal überträgt also höchstens m^{NC} Kodewörter mit kleiner Fehlerwahrscheinlichkeit bei großen N. Wie diese Kodewörter zu wählen sind, ist wegen obiger Bemerkungen nicht klar.

Alle Kanaleigenschaften und die Mächtigkeiten der verwendeten Alphabete gehen in einer einzigen Konstanten ein, nämlich der Kanalkapazität C. Die Konstante A kann gewählt werden als $A = G^*(R) = \max_\rho \max_{\boldsymbol{q}}\{G(\rho,\boldsymbol{q}) - \rho R\}$. Am Beweis sieht man, daß bereits $A = \max_\rho\{G(\rho,\boldsymbol{q}^*) - \rho R\}$ ausreicht.

Die Anwendung und Interpretation von Satz 5.6 erfolgt wie in Beispiel 5.3. Die Quelle benutze ein Alphabet der Mächtigkeit k. Werden dann Blöcke der Länge $L \leq NR/\log_m k$ mit $M_N = \lfloor m^{NR} \rfloor$ Kodewörtern der Länge N kodiert, so existieren Kodes mit exponentiell fallender maximaler Fehlerwahrscheinlichkeit $\hat{e}$. Zeitsynchrones Übertragen ist möglich, wenn der Kanal ein Symbol pro Zeiteinheit überträgt und die Quelle in N Zeiteinheiten höchstens $\lfloor m^{NR} \rfloor$ verschiedene Wörter produzieren kann.

Der Fundamentalsatz 5.6 kann nicht verschärft werden in folgendem Sinn. Gilt $R > C$, so existiert keine Folge von Kodes mit $\lfloor m^{NR} \rfloor$ Kodewörtern der Länge N und der Eigenschaft $\hat{e}(\mathcal{C}_N) \to 0$ $(N \to \infty)$, egal welche Dekodierregel eingesetzt wird. Diese Aussage wird im nächsten Abschnitt behandelt.

Bezeichnet $\boldsymbol{X}_N$ die Kanaleingabe und $\boldsymbol{V}_N$ die Ausgabe des Kanaldekodierers, so tritt ein Fehler auf, wenn $\boldsymbol{X}_N \neq \boldsymbol{V}_N$. Die zugehörige Fehlerwahrscheinlichkeit $P(\boldsymbol{X}_N \neq \boldsymbol{V}_N)$ entspricht der Fehlerwahrscheinlichkeit (5.7), die explizit die Dekodierregel und den Kode $\mathcal{C}$ einbezieht. Es gilt nämlich

$$e(\mathcal{C}) = \sum_{j=1}^{M} P(\boldsymbol{Y}_N \notin R_j(\mathcal{C}) \mid \boldsymbol{X}_N = \boldsymbol{c}_j)\, P(\boldsymbol{X}_N = \boldsymbol{c}_j)$$

$$= \sum_{j=1}^{M} P(\boldsymbol{V}_N \neq \boldsymbol{c}_j, \boldsymbol{X}_N = \boldsymbol{c}_j) = P(\boldsymbol{V}_N \neq \boldsymbol{X}_N).$$

Diese Fehlerwahrscheinlichkeit läßt sich allgemein für beliebige diskrete Zufallsvariable U und V ohne ein spezielles Kanal- oder Kodiermodell formulieren. In der folgenden Fano-Ungleichung wird die bedingte Entropie mit ihrer Hilfe abgeschätzt.

Lemma 5.7. *(Fano-Ungleichung)*
Seien U, V diskrete Zufallsvariablen mit Träger $\{c_1, \ldots, c_M\}$, $M > 2$, und

$$p_e = P(U \neq V) = \sum_{\boldsymbol{u}, \boldsymbol{v} \in \{c_1, \ldots, c_M\},\, \boldsymbol{u} \neq \boldsymbol{v}} P(U = \boldsymbol{u}, V = \boldsymbol{v}).$$

Dann gilt $H(U \mid V) \leq H(p_e, 1 - p_e) + p_e \log(M - 1)$, wobei $H(p_e, 1 - p_e)$ die Entropie des stochastischen Vektors $(p_e, 1 - p_e) \in \mathcal{P}_2$ bezeichnet.

Beweis. Es gilt

$$H(U \mid V) = \sum_{u \neq v} P(U = u, V = v) \log \frac{1}{P(U = u \mid V = v)}$$
$$+ \sum_{u} P(U = u, V = u) \log \frac{1}{P(U = u \mid V = u)}.$$

Mit den Identitäten

$$p_e \log(M - 1) = \sum_{u \neq v} \log(M - 1) P(U = u, V = v) \qquad \text{und}$$
$$H(p_e, 1 - p_e) = -p_e \log p_e - (1 - p_e) \log(1 - p_e)$$

folgt

$$H(U \mid V) - p_e \log(M - 1) - H(p_e, 1 - p_e)$$
$$= \sum_{u \neq v} P(U = u, V = v) \, \log \frac{p_e}{P(U = u \mid V = v)(M - 1)}$$
$$+ \sum_{u} P(U = u, V = u) \log \frac{1 - p_e}{P(U = u \mid V = u)}$$
$$\leq \log e \left(\sum_{u \neq v} P(U = u, V = v) \left(\frac{p_e}{(M - 1)P(U = u \mid V = v)} - 1 \right) \right.$$
$$\left. + \sum_{u} P(U = u, V = u) \left(\frac{1 - p_e}{P(U = u \mid V = u)} - 1 \right) \right)$$
$$= \log e \left(\frac{p_e}{M - 1} \sum_{u \neq v} P(V = v) - \sum_{u \neq v} P(U = u, V = v) \right.$$
$$\left. + (1 - p_e) \sum_{u} P(V = u) - \sum_{u} P(U = u, V = u) \right)$$
$$= \log e \left(p_e - p_e + (1 - p_e) - (1 - p_e) \right) = 0.$$

Dies zeigt die Behauptung. ∎

5.4 Kaskadenkanäle und Umkehrung des Fundamentalsatzes

Stimmt das Ausgabealphabet eines diskreten gedächtnislosen Kanals mit dem Eingabealphabet eines zweiten überein, können die beiden Kanäle zu einem *Kaskadenkanal* hintereinandergeschaltet werden. Es ergibt sich das folgende Bild.

$$X_n \longrightarrow \boxed{p^{(1)}(y_j|x_i)} \overset{\text{DMC1}}{} \longrightarrow Y_n \longrightarrow \boxed{p^{(2)}(z_\ell|y_j)} \overset{\text{DMC2}}{} \longrightarrow Z_n$$

Die einzelnen diskreten gedächtnislosen Kanäle werden mit DMC1 und DMC2 bezeichnet, die spezifizierenden Größen sind in der folgenden Übersicht zusammengefaßt.

DMC1: Eingabealphabet $\mathcal{X} = \{x_1, \ldots, x_m\}$
Ausgabealphabet $\mathcal{Y} = \{y_1, \ldots, y_d\}$
Kanalmatrix $\boldsymbol{\Pi}^{(1)} = \left(p^{(1)}(y_j|x_i)\right)_{1 \leq i \leq m,\, 1 \leq j \leq d}$

DMC2: Eingabealphabet $\mathcal{Y} = \{y_1, \ldots, y_d\}$
Ausgabealphabet $\mathcal{Z} = \{z_1, \ldots, z_k\}$
Kanalmatrix $\boldsymbol{\Pi}^{(2)} = \left(p^{(2)}(z_\ell|y_j)\right)_{1 \leq j \leq d,\, 1 \leq \ell \leq k}$

Die Ausgabe von DMC1 ist also die Eingabe in DMC2. Es wird angenommen, daß die Verteilung der Ausgabe von DMC2 nur von der Eingabe in DMC2 (der Ausgabe von DMC1) abhängt, nicht aber von der Eingabe in DMC1. Dieses Verhalten wird durch die folgende Definition beschrieben.

Definition 5.9. *(Kaskadenkanal)*
Eine Folge von Zufallsvariablen $\{(X_n, Z_n)\}_{n \in \mathbb{N}}$ heißt diskreter gedächtnisloser Kaskadenkanal (kurz: Kaskaden-DMC), wenn eine Folge von Zufallsvariablen $\{Y_n\}_{n \in \mathbb{N}}$ existiert, mit

a) *$\{(X_n, Y_n)\}_{n \in \mathbb{N}}$ ist ein DMC mit Kanalmatrix $\boldsymbol{\Pi}^{(1)}$ und Alphabeten $\mathcal{X}, \mathcal{Y}$,*

b) $\{(Y_n, Z_n)\}_{n\in\mathbb{N}}$ ist ein DMC mit Kanalmatrix $\boldsymbol{\Pi}^{(2)}$ und Alphabeten $\mathcal{Y}, \mathcal{Z}$,

c) für alle $N \in \mathbb{N}$, $\boldsymbol{a}_N \in \mathcal{X}^N$, $\boldsymbol{b}_N \in \mathcal{Y}^N$, $\boldsymbol{c}_N \in \mathcal{Z}^N$ mit $P(\boldsymbol{X}_N = \boldsymbol{a}_N, \boldsymbol{Y}_N = \boldsymbol{b}_N) > 0$ gilt

$$P(\boldsymbol{Z}_N = \boldsymbol{c}_N \mid \boldsymbol{Y}_N = \boldsymbol{b}_N, \boldsymbol{X}_N = \boldsymbol{a}_N) = P(\boldsymbol{Z}_N = \boldsymbol{c}_N \mid \boldsymbol{Y}_N = \boldsymbol{b}_N).$$

$\boldsymbol{Z}_N$ und $\boldsymbol{X}_N$ sind bei einem Kaskadenkanal also bedingt stochastisch unabhängig, gegeben $\boldsymbol{Y}_N$.

Es ist noch zu klären, ob ein Kaskaden-DMC wirklich gedächtnislos ist. Insbesondere interessiert dann die Gestalt der gemeinsamen Kanalmatrix $\boldsymbol{\Pi}$.

Lemma 5.8. $\{(X_n, Z_n)\}_{n\in\mathbb{N}}$ sei ein Kaskaden-DMC. Für alle Wörter $\boldsymbol{a}_N = (a_1, \ldots, a_N) \in \mathcal{X}^N$, $\boldsymbol{c}_N = (c_1, \ldots, c_N) \in \mathcal{Z}^N$ gilt dann

$$P(\boldsymbol{Z}_N = \boldsymbol{c}_N \mid \boldsymbol{X}_N = \boldsymbol{a}_N) = \prod_{i=1}^{N} P(Z_1 = c_i \mid X_1 = a_i).$$

Für die Kanalmatrix $\boldsymbol{\Pi}$ des Gesamtkanals gilt also $\boldsymbol{\Pi} = \boldsymbol{\Pi}^{(1)} \cdot \boldsymbol{\Pi}^{(2)}$, bzw. elementweise $p(z_\ell|x_i) = \sum_{j=1}^{d} p^{(1)}(y_j|x_i) \cdot p^{(2)}(z_\ell|y_j)$, $i = 1, \ldots, m$, $\ell = 1, \ldots, k$.

Beweis. Für $\boldsymbol{a}_N \in \mathcal{X}^N$, $\boldsymbol{c}_N \in \mathcal{Z}^N$ berechnen sich die Übertragungswahrscheinlichkeiten zu

$$
\begin{aligned}
&P(\boldsymbol{Z}_N = \boldsymbol{c}_N \mid \boldsymbol{X}_N = \boldsymbol{a}_N) \\
&= \sum_{\boldsymbol{b}_N \in \mathcal{Y}^N} \frac{P(\boldsymbol{X}_N = \boldsymbol{a}_N, \boldsymbol{Y}_N = \boldsymbol{b}_N, \boldsymbol{Z}_N = \boldsymbol{c}_N)}{P(\boldsymbol{X}_N = \boldsymbol{a}_N)} \cdot \\
&\qquad\qquad \frac{P(\boldsymbol{X}_N = \boldsymbol{a}_N, \boldsymbol{Y}_N = \boldsymbol{b}_N)}{P(\boldsymbol{X}_N = \boldsymbol{a}_N, \boldsymbol{Y}_N = \boldsymbol{b}_N)} \\
&= \sum_{\boldsymbol{b}_N \in \mathcal{Y}^N} P(\boldsymbol{Z}_N = \boldsymbol{c}_N \mid \boldsymbol{X}_N = \boldsymbol{a}_N, \boldsymbol{Y}_N = \boldsymbol{b}_N) \cdot \\
&\qquad\qquad P(\boldsymbol{Y}_N = \boldsymbol{b}_N \mid \boldsymbol{X}_N = \boldsymbol{a}_N) \\
&= \sum_{b_1,\ldots,b_N \in \mathcal{Y}} \prod_{i=1}^{N} P(Z_1 = c_i \mid Y_1 = b_i)\, P(Y_1 = b_i \mid X_1 = a_i)
\end{aligned}
$$

$$= \prod_{i=1}^{N} \sum_{b \in \mathcal{Y}} P(Z_1 = c_i \mid Y_1 = b) P(Y_1 = b \mid X_1 = a_i) \qquad (5.16)$$

$$= \prod_{i=1}^{N} \sum_{b \in \mathcal{Y}} \frac{P(Z_1 = c_i, Y_1 = b, X_1 = a_i)}{P(X_1 = a_i)}$$

$$= \prod_{i=1}^{N} P(Z_1 = c_i \mid X_1 = a_i).$$

Die dritte Gleichheit folgt hierbei aus c) in Definition 5.9 und die vierte, da $\{(X_n, Y_n)\}_{n \in \mathbb{N}}$ und $\{(Y_n, Z_n)\}_{n \in \mathbb{N}}$ beides diskrete gedächtnislose Kanäle sind.

Die Produktdarstellung der Kanalmatrix Π folgt aus (5.16) mit $N = 1$.   ∎

Satz 5.7. *(Data Processing Theorem)*
Sei $\{(X_n, Z_n)\}_{n \in \mathbb{N}}$ ein Kaskaden-DMC. Dann gilt:

a) $I\big((\boldsymbol{X}_N, \boldsymbol{Z}_N) \mid \boldsymbol{Y}_N\big) = 0,$

b) $I(\boldsymbol{X}_N, \boldsymbol{Z}_N) \leq \min\big\{I(\boldsymbol{X}_N, \boldsymbol{Y}_N), I(\boldsymbol{Y}_N, \boldsymbol{Z}_N)\big\}.$

Beweis. a) $\boldsymbol{Z}_N$ und $\boldsymbol{X}_N$ sind bedingt stochastisch unabhängig, gegeben $\boldsymbol{Y}_N$, und daher ist $H\big(\boldsymbol{Z}_N \mid (\boldsymbol{X}_N, \boldsymbol{Y}_N)\big) = H(\boldsymbol{Z}_N \mid \boldsymbol{Y}_N)$. Mit Lemma 3.2 b) folgt die Behauptung a) aus

$$I\big((\boldsymbol{X}_N, \boldsymbol{Z}_N) \mid \boldsymbol{Y}_N\big) = H(\boldsymbol{Z}_N \mid \boldsymbol{Y}_N) - H\big(\boldsymbol{Z}_N \mid (\boldsymbol{X}_N, \boldsymbol{Y}_N)\big) = 0.$$

b) Nach Satz 3.1 e) gilt $H\big(\boldsymbol{Z}_N \mid (\boldsymbol{X}_N, \boldsymbol{Y}_N)\big) \leq H(\boldsymbol{Z}_N \mid \boldsymbol{X}_N)$. Dies zeigt, daß

$$\begin{aligned}
I(\boldsymbol{Y}_N, \boldsymbol{Z}_N) &= H(\boldsymbol{Z}_N) - H(\boldsymbol{Z}_N \mid \boldsymbol{Y}_N) \\
&= H(\boldsymbol{Z}_N) - H\big(\boldsymbol{Z}_N \mid (\boldsymbol{X}_N, \boldsymbol{Y}_N)\big) \\
&\geq H(\boldsymbol{Z}_N) - H(\boldsymbol{Z}_N \mid \boldsymbol{X}_N) = I(\boldsymbol{X}_N, \boldsymbol{Z}_N).
\end{aligned}$$

Mit a) und obigem folgt weiterhin

$$\begin{aligned}
&I\big(\boldsymbol{X}_N, (\boldsymbol{Y}_N, \boldsymbol{Z}_N)\big) \\
&= H(\boldsymbol{X}_N) - H\big(\boldsymbol{X}_N \mid (\boldsymbol{Y}_N, \boldsymbol{Z}_N)\big) - H(\boldsymbol{X}_N \mid \boldsymbol{Y}_N) + H(\boldsymbol{X}_N \mid \boldsymbol{Y}_N) \\
&= I(\boldsymbol{X}_N, \boldsymbol{Y}_N) + I\big((\boldsymbol{X}_N, \boldsymbol{Z}_N) \mid \boldsymbol{Y}_N\big) = I(\boldsymbol{X}_N, \boldsymbol{Y}_N)
\end{aligned}$$

und völlig analog

$$I\big(X_N,(Y_N,Z_N)\big)$$
$$= H(X_N) - H\big((X_N \mid (Y_N,Z_N))\big) - H(X_N \mid Z_N) + H(X_N \mid Z_N)$$
$$= I(X_N,Z_N) + I\big((X_N,Y_N) \mid Z_N\big).$$

Insgesamt erhalten wir

$$I(X_N,Y_N) = I(X_N,Z_N) + I\big((X_N,Y_N) \mid Z_N\big) \geq I(X_N,Z_N).$$

Beide Ungleichungen zusammen verifizieren b). ∎

Aussage b) von Satz 5.7 kann wie folgt interpretiert werden. Beim Hintereinanderschalten von zwei DMCs ist die gesamte Transinformation kleiner als jede der beiden einzelnen Transinformationen. Verlorene Äquivokation kann also nicht wiederhergestellt werden.

Man beachte, daß im Beweis von Satz 5.7 lediglich Bedingung c) aus Definition 5.9 verwendet wurde. Die Aussagen des Data Processing Theorems gelten also allgemein für endlich diskrete Zufallsvariable X,Y,Z mit $P^{Z\mid(X,Y)} = P^{Z\mid Y}$, für die also X und Z bedingt stochastisch unabhängig sind, gegeben Y.

Korollar 5.1. $\{(X_n,Z_n)\}_{n\in\mathbb{N}}$ *sei ein Kaskaden-DMC. C_i bezeichne die Kapazität der Teilkanäle mit Übertragungswahrscheinlichkeiten $p^{(i)}(\cdot \mid \cdot)$, $i = 1,2$, und C die Gesamtkapazität. Dann gilt $C \leq \min\{C_1,C_2\}$.*

Beweis. Da nach Satz 5.7 für alle Verteilungen $p \in \mathcal{P}_m$ von X_1, die zu $I(X_1,Z_1)$ führen,

$$I(X_1,Z_1) \leq I(X_1,Y_1) \leq \max_{q\in\mathcal{P}_m, X_1\sim q} I(X_1,Y_1) = C_1 \quad \text{und}$$
$$I(X_1,Z_1) \leq I(Y_1,Z_1) \leq \max_{q\in\mathcal{P}_d, Y_1\sim q} I(Y_1,Z_1) = C_2$$

gilt, folgt $C = \max_{p\in\mathcal{P}_m,\, X_1\sim p} I(X_1,Z_1) \leq \min\{C_1,C_2\}$. ∎

Das folgende Bild gibt nun eine detaillierte Darstellung der Übertragung in einem gestörten Kanal. Es werden Blöcke des Ausgabestroms des Quellenkodierers mit den Kodewörtern $\mathcal{C}_N = \{c_1,\dots,c_{M_N}\} \subseteq \mathcal{X}^N$ kodiert und übertragen. Auf der Ausgabeseite des Kanals wird die Kanaldekodierung mit Hilfe einer Funktion h_N wie in (5.3) dargestellt. Mit dem Index N wird die Abhängigkeit von N betont. Mit wachsendem N steigt im allgemeinen auch die Anzahl der verwendeten Kodewörter. Weiterhin wird im folgenden angenommen, daß Eingabe- und Ausgabealphabet des Kanals übereinstimmen.

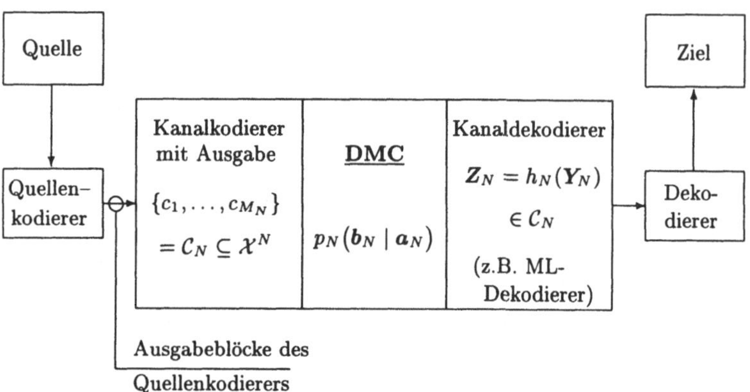

Typischerweise hat der Quellenkodierer eine Datenkompression vorgenommen, die zumindest approximativ auf der Menge der Ausgabeblöcke bestimmter Länge eine Gleichverteilung liefert. Es ist daher vernünftig, für die Eingabevariable X_N des Kanals eine Gleichverteilung auf C_N anzunehmen, d.h. $P(X_N = c_j) = 1/M_N$ für alle $j = 1, \ldots, M_N$. Dieser Fall ist für die Fehlerwahrscheinlichkeit auch der ungünstigste, wie in Lemma 5.9 gezeigt wird.

$Z_N = h_N(Y_N) \in C_N$ bezeichnet die Ausgabe des Kanals nach der Kanaldekodierung bei Verwendung der Dekodierregel $h_N : \mathcal{Y}^N \to C_N$. Für die Fehlerwahrscheinlichkeiten (5.6), (5.7) und (5.8) gilt

$$\bar{e}(C_N) = \frac{1}{M_N} \sum_{j=1}^{M_N} e_j(C_N) \leq \hat{e}(C_N) = \max_{1 \leq j \leq M_N} e_j(C_N),$$

wobei $e_j(C_N) = P(Z_N \neq c_j \mid X_N = c_j)$, $j = 1, \ldots, M_N$, die Wahrscheinlichkeit für Fehldekodierung ist, wenn c_j gesendet wurde.

Satz 5.8. *(Schwache Umkehrung des Fundamentalsatzes)*
$\{(X_n, Y_n)\}_{n \in \mathbb{N}}$ *sei ein diskreter gedächtnisloser Kanal mit Kapazität C und $R > C$. $\mathcal{C}_N$ sei eine Folge von Kodes mit M_N Kodewörtern der Länge N, $M_N \geq m^{NR}$, und X_N sei gleichverteilt auf $\mathcal{C}_N$ für alle $N \in \mathbb{N}$. Dann gilt*

$$\liminf_{N \to \infty} \bar{e}(\mathcal{C}_N) > 0.$$

Beweis. Sei $R = C + \varepsilon$ für ein $\varepsilon > 0$. Für die Funktion h_N gilt

$$Z_N = h_N(Y_N) \quad \text{mit} \quad h_N(b_N) = c_j, \text{ falls } b_N \in R_j, \; j = 1, \ldots, M_N.$$

R_j sind hierbei die Elemente der zur verwendeten Dekodierregel gehörenden Partition. X_N und Z_N sind offensichtlich bedingt stochastisch unabhängig, gegeben Y_N. Da X_N auf $\mathcal{C}_N$ gleichverteilt ist, folgt mit den Sätzen 5.1 und 5.7 b)

$$NC \geq I(X_N, Y_N) \geq I(X_N, Z_N)$$
$$= H(X_N) - H(X_N \mid Z_N) = \log(M_N) - H(X_N \mid Z_N).$$

Wegen Lemma 5.7 (Fano-Ungleichung) gilt

$$H(X_N \mid Z_N) \leq H(p_e, 1 - p_e) + p_e \log(M_N - 1)$$
$$\leq \log 2 + p_e \log M_N,$$

wobei $p_e = P(X_N \neq Z_N)$. Durch Zusammensetzen der beiden Ungleichungen folgt

$$\log M_N \leq NC + H(X_N \mid Z_N) \leq NC + \log 2 + p_e \log M_N.$$

Auflösen nach p_e liefert

$$p_e \geq 1 - \frac{NC + \log 2}{\log M_N} \geq 1 - \frac{NC + \log 2}{N(C + \varepsilon)} \xrightarrow{(N \to \infty)} 1 - \frac{C}{C + \varepsilon} > 0.$$

Schließlich gilt wegen der Gleichverteilung von X

$$p_e = P(X_N \neq Z_N) = \sum_i \sum_{j \neq i} P(Z_N = c_j, X_N = c_i)$$
$$= \sum_i P(X_N = c_i) \sum_{j \neq i} P(Z_N = c_j \mid X_N = c_i)$$
$$= \sum_i \frac{1}{M_N} P(Z_N \neq c_i \mid X_N = c_i) = \bar{e}(\mathcal{C}_N),$$

woraus die Behauptung folgt.　∎

Werden also für ein $\varepsilon > 0$ mehr als $m^{N(C+\varepsilon)}$ Kodewörter zur Übertragung im Kanal verwendet, so bleibt für beliebig große N immer noch eine positive mittlere Fehlerwahrscheinlichkeit $\bar{e}$.

Unter der Annahme, daß der Kanal ein Symbol pro Zeiteinheit überträgt, hat Satz 5.8 in zeitbezogenen Einheiten folgende Interpretation. Der Quellenkodierer produziere τ_Q Symbole pro Zeiteinheit aus einem Alphabet der Mächtigkeit k. Gilt für ein $\varepsilon > 0$, daß die Anzahl der kodierten Wörter der Quelle nach N Zeiteinheiten $k^{N\tau_Q}$ größer als $m^{N(C+\varepsilon)}$, d.h. $\tau_Q > \frac{C+\varepsilon}{\log_m k}$, so bleibt für alle $N \in \mathbb{N}$ eine positive mittlere Fehlerwahrscheinlichkeit, egal welche Dekodierregel verwendet wird, vorausgesetzt jedes kodierte Quellwort tritt mit derselben Wahrscheinlichkeit auf. Im Fall $m = k$ reduziert sich die obige Ungleichung auf $\tau_Q > C + \varepsilon$.

Man vergleiche dies mit der Aussage des Shannonschen Fundamentalsatzes. Gilt für ein $\varepsilon > 0$, daß $k^{N\tau_Q} < m^{N(C-\varepsilon)}$, d.h. $\tau_Q < \frac{C-\varepsilon}{\log_m k}$, so existiert für genügend große N ein Kode mit beliebig kleiner maximaler Fehlerwahrscheinlichkeit, unabhängig von der Eingabeverteilung P^{X_N}.

Wolfowitz [37] hat 1961 gezeigt, daß unter den Voraussetzungen von Satz 5.8 die stärkere Aussage $\lim_{N\to\infty} \bar{e}(\mathcal{C}_N) \to 1$ gilt. Der hier bewiesene Satz 5.8 wird deshalb als "schwache" Umkehrung des Fundamentalsatzes bezeichnet.

Zum Abschluß des Kapitels wird noch gezeigt, daß eine Gleichverteilung auf $\mathcal{C}_N$ die ungünstigste Inputverteilung für die Wahrscheinlichkeit einer Fehldekodierung ist. Diese hängt bei fester Kodewortmenge $\mathcal{C}_N = \{c_1, \ldots, c_M\}$ von der Inputverteilung $p = (p_1, \ldots, p_M) \in \mathcal{P}_M$ ab, was durch die Notation

$$e(p) = \sum_{j=1}^{M} p_j \, e_j = P(Z_N \neq X_N)$$

ausgedrückt wird, wobei $e_j = e_j(\mathcal{C}_N)$ in (5.4) definiert ist. Der stochastische Vektor, der aus p durch eine Permutation σ der Komponenten entsteht, wird mit

$$p_\sigma = (p_{\sigma(1)}, \ldots, p_{\sigma(M)}) \in \mathcal{P}_M$$

notiert. Zur Abkürzung bezeichne $\tilde{p} = (1/M, \ldots, 1/M)$ die Gleichverteilung auf $\mathcal{C}_N$. Zu jeder Inputverteilung findet man nun eine Permutation der Kodewörter, derart daß die Wahrscheinlichkeit für eine Fehldekodierung kleiner ist als bei einer Gleichverteilung als Inputverteilung.

Lemma 5.9. *Für alle* $p \in \mathcal{P}_M$ *existiert eine Permuatation* σ *mit* $e(p_\sigma) \leq e(\tilde{p})$.

Beweis. Für alle $p \in \mathcal{P}_M$ gilt

$$\min_\sigma e(p_\sigma) = \min_\sigma \sum_{j=1}^M p_{\sigma(j)} e_j = \min_\sigma \sum_{j=1}^M p_j e_{\sigma(j)}$$

$$\leq \frac{1}{M!} \sum_\sigma \sum_{j=1}^M p_j e_{\sigma(j)} = \sum_{j=1}^M p_j \frac{1}{M!} \sum_\sigma e_{\sigma(j)}$$

$$= \sum_{j=1}^M p_j \frac{1}{M!} (M-1)! \sum_{i=1}^M e_i = \frac{1}{M} \sum_{i=1}^M e_i = e(\tilde{p}).$$

$\blacksquare$

Man beachte, daß $\min_\sigma e(p_\sigma)$ für jede Permutation σ angenommen wird, bei der die bedingten Wahrscheinlichkeiten für eine Fehldekodierung $e_1, \ldots, e_M$ und die Komponenten der Inputverteilung p_σ gegenläufig geordnet sind, etwa $e_1 \geq \cdots \geq e_M$ und $p_{\sigma(1)} \leq \cdots \leq p_{\sigma(M)}$.

5.5   Übungsaufgaben

Aufgabe 5.1. Zeigen Sie, daß die in Definition 5.6 eingeführte Hamming-Distanz eine Metrik auf $\mathcal{Y}^N$ ist.

Aufgabe 5.2. $\{(X_n, Y_n)\}_{n \in \mathbb{N}}$ sei eine Folge von endlich diskreten Zufallsvariablen jeweils mit Träger $\mathcal{X} \times \mathcal{Y}$. Es bezeichne $p(y|x) = P(Y_1 = y \mid X_1 = x)$, $x \in \mathcal{X}$, $y \in \mathcal{Y}$. Zeigen Sie:
Bildet $\{(X_n, Y_n)\}_{n \in \mathbb{N}}$ einen diskreten, gedächtnislosen Kanal, d.h.

$$P(Y_n = y_n, \ldots, Y_1 = y_1 \mid X_n = x_n, \ldots, X_1 = x_1) = \prod_{\ell=1}^n p(y_\ell | x_\ell)$$

für alle $n \in \mathbb{N}$, $x_1, \ldots, x_n \in \mathcal{X}$ und $y_1, \ldots y_n \in \mathcal{Y}$, so gilt $P(Y_n = y \mid X_n = x) = p(y|x)$ für alle $n \in \mathbb{N}$, $x \in \mathcal{X}$ und $y \in \mathcal{Y}$.

Aufgabe 5.3. Ein diskreter, gedächtnisloser Kanal mit den Übertragungswahrscheinlichkeiten $p(j|k)$, $j = 0, 1, \ldots, J - 1$, $k = 0, 1, \ldots, K - 1$, heißt symmetrisch, wenn für alle $k = 1, \ldots, K - 1$ eine Permutation π_k auf $\{0, \ldots, J - 1\}$ existiert mit $p\bigl(\pi_k(j)|k\bigr) = p(j|0)$ und für alle $j = 1, \ldots, J - 1$ eine Permutation ρ_j auf $\{0, \ldots, K - 1\}$ existiert mit $p\bigl(j \mid \rho_j(k)\bigr) = p(0|k)$. Zeigen Sie:
Für die Kanalkapazität C eines symmetrischen Kanals gilt

$$C = \log J + \sum_{j=0}^{J-1} p(j|0) \cdot \log p(j|0).$$

Aufgabe 5.4. Π_i, $i = 1, 2$, seien $K_i \times J_i$- Matrizen aus Übertragungswahrscheinlichkeiten von zwei diskreten, gedächtnislosen Kanälen mit Kapazität C_1 bzw. C_2. Man betrachte den Summenkanal aus beiden Kanälen, das ist der diskrete, gedächtnislose Kanal, der durch die $(K_1 + K_2) \times (J_1 + J_2)$-Matrix

$$\Pi = \begin{pmatrix} \Pi_1 & 0 \\ 0 & \Pi_2 \end{pmatrix}$$

von Übertragungswahrscheinlichkeiten mit entsprechend zusammengesetzten Alphabeten bestimmt wird. Zeigen Sie:
Für die Kapazität C des Summenkanals gilt

$$C = \log(a^{C_1} + a^{C_2}),$$

wobei alle auftretenden Logarithmen zur Basis $a > 1$ gebildet werden.

Aufgabe 5.5. Die Matrix $\Pi = \bigl(p(j|k)\bigr)_{k,j=1,2} = \begin{pmatrix} 1 - \varepsilon & \varepsilon \\ \varepsilon & 1 - \varepsilon \end{pmatrix}$, $0 \leq \varepsilon < 1/2$, beschreibe einen diskreten, gedächtnislosen Kanal mit binärem Ein- und Ausgabealphabet $\mathcal{X} = \mathcal{Y} = \{0, 1\}$. Bestimmen Sie für $N = 3$ eine Maximum-Likelihood-Dekodierung für die Wörter $(0, 0, 0)$, $(0, 1, 0)$, $(1, 1, 1)$.

Aufgabe 5.6. Es seien zwei diskrete, gedächtnislose Kanäle K_1 und K_2 mit den Kapazitäten C_1 und C_2 gegeben. Der Produktkanal K aus beiden Kanälen ist der diskrete, gedächtnislose Kanal, dessen In- und Outputs geordnete Paare (x_i, x'_j) und (y_k, y'_ℓ) sind, wobei die erste Koordinate zum entsprechenden Alphabet von K_1 und die zweite Koordinate zum Alphabet von K_2 gehört. Die Kanalmatrix des Produktkanals wird dann durch

$$p\bigl((y_k, y'_\ell)|(x_i, x'_j)\bigr) = p(y_k|x_i)\, p(y'_\ell|x'_j)$$

festgelegt. Zeigen Sie:
Für die Kapazität C des Produktkanals K gilt $C = C_1 + C_2$.

Aufgabe 5.7. Gegeben sei ein diskreter, gedächtnisloser Kanal mit Eingabe X, Ausgabe Y und Übertragungswahrscheinlichkeiten $p(j|k)$, $k = 0, 1, \ldots, K-1$, $j = 0, 1, \ldots, J-1$. $\mathcal{P}_K = \{(q_0, \ldots, q_{K-1}) \mid q_k \geq 0, \sum_{k=0}^{K-1} q_k = 1\}$ bezeichne die Menge aller Eingabeverteilungen. Zeigen Sie:
Die Transinformation $I(X, Y) : \mathcal{P}_K \to \mathbb{R}$, definiert durch

$$I(X, Y) = \sum_{j,k} q_k \, p(j|k) \, \log \frac{p(j|k)}{\sum_\ell q_\ell \, p(j|\ell)},$$

ist eine auf $\mathcal{P}_K$ konkave Funktion.

Aufgabe 5.8. Welche Kapazitäten besitzen die durch die folgenden Kanalmatrizen beschriebenen diskreten, gedächtnislosen Kanäle?

$$\Pi = \begin{pmatrix} \frac{1}{3} & \frac{1}{3} & \frac{1}{6} & \frac{1}{6} \\ \frac{1}{6} & \frac{1}{6} & \frac{1}{3} & \frac{1}{3} \end{pmatrix}$$

$$\Pi' = \begin{pmatrix} cae & caf & c\bar{a}e & c\bar{a}f & \bar{c}ae & \bar{c}af & \bar{c}\bar{a}e & \bar{c}\bar{a}f \\ caf & cae & c\bar{a}f & c\bar{a}e & \bar{c}af & \bar{c}ae & \bar{c}\bar{a}f & \bar{c}\bar{a}e \\ cbe & cbf & c\bar{b}e & c\bar{b}f & \bar{c}be & \bar{c}bf & \bar{c}\bar{b}e & \bar{c}\bar{b}f \\ cbf & cbe & c\bar{b}f & c\bar{b}e & \bar{c}bf & \bar{c}be & \bar{c}\bar{b}f & \bar{c}\bar{b}e \\ dae & daf & d\bar{a}e & d\bar{a}f & \bar{d}ae & \bar{d}af & \bar{d}\bar{a}e & \bar{d}\bar{a}f \\ daf & dae & d\bar{a}f & d\bar{a}e & \bar{d}af & \bar{d}ae & \bar{d}\bar{a}f & \bar{d}\bar{a}e \\ dbe & dbf & d\bar{b}e & d\bar{b}f & \bar{d}be & \bar{d}bf & \bar{d}\bar{b}e & \bar{d}\bar{b}f \\ dbf & dbe & d\bar{b}f & d\bar{b}e & \bar{d}bf & \bar{d}be & \bar{d}\bar{b}f & \bar{d}\bar{b}e \end{pmatrix}$$

mit $a, b, c, d, e, f \in (0, 1)$ mit $e + f = 1$, $a \neq b$, $c \neq d$ und $\bar{a} = 1 - a$, $\bar{b} = 1 - b$, $\bar{c} = 1 - c$ sowie $\bar{d} = 1 - d$.

Aufgabe 5.9. Gegeben sei ein DMC mit Eingabealphabet $\mathcal{X} = \{x_1, \ldots, x_m\}$, Ausgabealphabet $\mathcal{Y} = \{y_1, \ldots, y_d\}$, $d \geq 2$, und Kanalmatrix

$$\Pi = \big(p_1(y_j|x_i)\big)_{1 \leq i \leq m, \, 1 \leq j \leq d}.$$

Es sei $(C_1, \ldots, C_M)$ ein (M, N)-Zufallskode, $C_j = (C_{j1}, \ldots, C_{jN})$ mit stochastisch unabhängigen, identisch verteilten $C_{j\ell}$, $j = 1, \ldots, M$, $\ell = 1, \ldots, N$. Die Verteilung von $C_{j\ell}$ werde durch den stochastischen Vektor $q = (q_1, \ldots, q_m) \in \mathcal{P}_m$ beschrieben. Es wird eine ML-Dekodierung unter der (irrtümlichen) Annahme, daß die Kanalmatrix $\Pi^* = \big(q_1(y_j|x_i)\big)_{1 \leq i \leq m, \, 1 \leq j \leq d}$ vorliegt, benutzt. Zeigen Sie:

a) Für alle $j \in \{1, \dots, M\}$ und alle $0 \leq \rho \leq 1$ gilt

$$E\big(e_j(C_1, \dots, C_M)\big)$$

$$\leq (M-1)^\rho \sum_{b_N \in \mathcal{Y}^N} \left(\sum_{a_N \in \mathcal{X}^N} P(C_1 = a_N) \frac{p_N(b_N|a_N)}{q_N(b_N|a_N)^{\frac{\rho}{1+\rho}}} \right) \cdot$$

$$\left(\sum_{c_N \in \mathcal{X}^N} P(C_1 = c_N) q_N(b_N|c_N)^{\frac{1}{1+\rho}} \right)^\rho.$$

b) Gibt es Konstanten K_1, $K_2 > 0$, so daß für alle $a_N \in \mathcal{X}^N$ und alle $b_N \in \mathcal{Y}^N$

$$K_1 p_N(b_N|a_N) \leq q_N(b_N|a_N) \leq K_2 p_N(b_N|a_N)$$

gilt, so existiert eine (nur von K_1 und K_2 abhängende) Konstante K mit

$$E\big(e_j(C_1, \dots, C_M)\big) \leq K \exp\{-N(G(\rho, q) - \rho R)\},$$

wobei $G(\rho, q)$ und R wie in (5.12) definiert sind.

c) Bestimmen Sie in der Situation von b) eine geeignete Konstante K.

Aufgabe 5.10. Gegeben sei ein binärer symmetrischer Kanal mit Fehlerwahrscheinlichkeit ε. Zeichnen Sie die maximale Datenrate einer binären Quelle, bei der noch zuverlässige Übertragung möglich ist, als Funktion von ε. Wie verhält sich die Datenrate, wenn die Übertragungswahrscheinlichkeiten $p(0|1) = \frac{1}{2} p(1|0)$ erfüllen?

6 Fehlerkorrigierende Kodes

Der Shannonsche Fundamentalsatz sichert die Existenz von Blockkodes mit kleiner Fehlerwahrscheinlichkeit, sagt jedoch nichts über deren Konstruktion aus. Die zum Beweis verwendeten Zufallskodes könnten zwar in der Praxis simulativ erzeugt werden, haben aber den Nachteil, in der Regel keine Struktur zu besitzen, die eine effiziente Kodierung oder Dekodierung erlaubt. In diesem Kapitel werden fehlerrobuste Blockkodes konstruiert, die diese Eigenschaft besitzen. Ziel ist es, eine Menge von Wörtern der Länge N über einem bestimmten Eingabealphabet derart auszuwählen, daß möglichst viele bei der Übertragung entstandene Fehler wieder korrigiert werden können.

Natürlich können in diesem Kapitel nur einige grundlegende Aspekte der Kodierungstheorie behandelt werden. Weiterführende Darstellungen finden sich zum Beispiel in [2], [17] oder [32]. Hier werden lediglich nach einigen allgemeinen Untersuchungen zur Hamming-Distanz zwei wichtige Typen von Kodes näher beleuchtet, zum einen lineare Kodes als typische Vertreter eines algebraisch motivierten Zugangs, zum anderen Faltungskodes und der Viterbi-Algorithmus als Beispiel eines algorithmisch begründeten Typs.

Im folgenden wird unter den üblichen Notationen ein Kanal mit identischem Eingabe- und Ausgabealphabet $\mathcal{X} = \mathcal{Y} = \{x_1, \ldots, x_m\}$ betrachtet. Zugehörige Eingabekodes werden mit $\mathcal{C} = \{c_1, \ldots, c_M\} \subseteq \mathcal{X}^N$ bezeichnet.

6.1 Blockkodes und Hamming-Distanz

Für $a, b \in \mathcal{X}^N$ bezeichnet $d(a, b)$ die Hammingdistanz (siehe Definition 5.6). Weiterhin heißt

$$d(\mathcal{C}) = \min_{1 \leq i < j \leq M} d(c_i, c_j)$$

minimaler Abstand des Kodes $\mathcal{C}$. Mit

$$S_e(c_i) = \{a \in \mathcal{X}^N \mid d(a, c_i) \leq e\}$$

wird die Kugel mit Radius $e \in \mathbb{N}$ und Mittelpunkt c_i bezüglich der Metrik d bezeichnet.

Satz 6.1. $\mathcal{C} = \{c_1, \ldots, c_M\}$ *sei ein Kode mit* $d(\mathcal{C}) = d$. *Dann werden bei MD-Dekodierung bis zu* $\lfloor \frac{1}{2}(d-1) \rfloor$ *Fehler korrigiert.*

Beweis. Sei $e = \lfloor \frac{1}{2}(d-1) \rfloor$. Dann gilt $S_e(c_i) \cap S_e(c_j) = \emptyset$ für alle $c_i \neq c_j \in \mathcal{C}$. Denn angenommen, es existieren Indizes i, j und $a \in \mathcal{X}^N$ mit $a \in S_e(c_i) \cap S_e(c_j)$. Dann wäre $d(c_i, a) \leq e$ und $d(c_j, a) \leq e$, woraus $d(c_i, c_j) \leq d(c_i, a) + d(c_j, a) \leq 2e = 2\lfloor \frac{1}{2}(d-1) \rfloor \leq d-1$ folgen würde. Dies ist ein Widerspruch zu $d(\mathcal{C}) = d$.

$R_1, \ldots, R_M$ sei eine MD-Dekodierung. Es gilt $S_e(c_i) \subseteq R_i$ für alle $i = 1, \ldots, M$. Dies zeigt die Behauptung. ∎

Ein Kode $\mathcal{C} = \{c_1, \ldots, c_M\} \subseteq \mathcal{X}^N$ mit $d(\mathcal{C}) = d$ heißt (N, M, d)-Kode. Man beachte, daß M und d sich bei festem N gegenläufig verhalten, d.h. große M führen zu kleinen d und umgekehrt. Mit

$$A_m(N, d) = \max\left\{M \in \mathbb{N} \mid \text{ es existiert ein } (N, M, d)\text{-Kode}\right\}$$

wird die maximale Anzahl von Kodewörtern aus $\mathcal{X}^N$ bezeichnet, die paarweise den Mindestabstand d haben. Offensichtlich gilt $A_m(N, 1) = m^N = |\mathcal{X}^N|$.

Im allgemeinen ist die Bestimmung von $A_m(N, d)$ ein schwieriges Problem. Zum Beispiel ist lediglich bekannt, daß $72 \leq A_2(10, 3) \leq 79$ oder $144 \leq A_2(11, 3) \leq 158$.

Eine untere Schranke für $A_2(3, 2)$ ist 4, denn wie man leicht nachprüft ist die Menge $\{(0,0,0),\ (1,1,0),\ (1,0,1),\ (0,1,1)\}$ ein $(3,4,2)$-Kode. Allgemeine Schranken für $A_m(N, d)$ können aus den im folgenden Satz angegebenen Ungleichungen durch Auflösen nach $A_m(N, d)$ hergeleitet werden. Die durch die linke Ungleichung induzierte Schranke heißt *Hamming-Schranke*, die rechte *Gilbert-Varshamov-Schranke*.

Satz 6.2. *(Hamming- und Gilbert-Varshamov-Schranke)*
Sei $d = 2e + 1$, $e \in \mathbb{N}$. *Dann gilt*

$$A_m(N, d) \sum_{i=0}^{e} \binom{N}{i} (m-1)^i \leq m^N \leq A_m(N, d) \sum_{i=0}^{d-1} \binom{N}{i} (m-1)^i.$$

Beweis. Zum Beweis der linken Ungleichung sei $C = \{c_1, \ldots, c_M\}$ ein Kode mit $d(C) = 2e + 1$. Dann sind $S_e(c_1), \ldots, S_e(c_M)$ paarweise disjunkt und es gilt

$$|S_e(c_j)| = \sum_{i=0}^{e} \binom{N}{i} (m-1)^i \text{ für alle } j = 1, \ldots, M.$$

Folglich ist

$$\left| \bigcup_{j=1}^{M} S_e(c_j) \right| = M \sum_{i=0}^{e} \binom{N}{i} (m-1)^i \leq m^N$$

für alle C mit $d(C) = 2e + 1$. Dies zeigt $A_m(N, d) \sum_{i=0}^{e} \binom{N}{i} (m-1)^i \leq m^N$ und damit die linke Ungleichung.

Zum Beweis der rechten Ungleichung sei C ein (N, M, d)-Kode mit maximaler Anzahl von Kodewörtern $M = A_m(N, d)$. Dann existiert kein $a \in \mathcal{X}^N$ so, daß $d(a, c_i) \geq d$ für alle $i \in \{1, \ldots, M\}$ gilt, d.h. für alle $a \in \mathcal{X}^N$ existiert ein $i \in \{1, \ldots, M\}$ mit $d(a, c_i) \leq d - 1$. Es folgt

$$m^N \leq \left| \bigcup_{i=1}^{M} S_{d-1}(c_i) \right| \leq A_m(N, d) \sum_{i=0}^{d-1} \binom{N}{i} (m-1)^i. \qquad \blacksquare$$

Ein günstiger Fall liegt vor, wenn die gesamte Wortmenge $\mathcal{X}^N$ mit disjunkten Kugeln gleichen Radius' t bezüglich der Metrik $d(\cdot, \cdot)$ ausgeschöpft werden kann. Die zugehörigen Mittelpunkte bilden dann einen Kode mit Minimaldistanz $2t + 1$, und die Kugeln bestimmen gleichzeitig die Partition eine MD-Dekodierung. Solche Kodes heißen perfekt.

Definition 6.1. *(perfekter Kode)*
Ein Kode $C = \{c_1, \ldots, c_M\} \subseteq \mathcal{X}^N$ *heißt perfekt, wenn ein* $t > 0$ *existiert, so daß* $S_t(c_1), \ldots, S_t(c_M)$ *eine Partition von* $\mathcal{X}^N$ *bildet.*

Ein kartesisches Produkt mit Kugeln auszuschöpfen, ist unter der üblichen Euklidischen Metrik unserer Raumvorstellung nicht möglich. Man beachte, daß Hilfsvorstellungen zur Hamming-Distanz auf der Basis von zweidimensionalen Zeichnungen nicht in allen Punkten mit den entsprechenden mathematischen Eigenschaften übereinstimmen.

Aus den bisherigen Untersuchungen lassen sich die nachstehenden Eigenschaften folgern.

Lemma 6.1.

a) *Perfekte Kodes korrigieren bis zu t Fehler pro Wort, nicht aber $t+1$ Fehler.*

b) *Für perfekte (N, M, d)-Kodes ist d notwendig ungerade.*

c) *Ein (N, M, d)-Kode ist perfekt genau dann, wenn*
$$M \sum_{i=0}^{(d-1)/2} \binom{N}{i}(m-1)^i = m^N.$$

Beweis. a) ist eine direkte Konsequenz aus Satz 6.1.

b) $\mathcal{C} = \{c_1, \ldots, c_M\}$ sei ein perfekter (N, M, d)-Kode mit umgebenden Kugeln $S_t(c_1), \ldots, S_t(c_M)$. Seien $i, j \in \mathbb{N}$ so, daß $d(c_i, c_j) = \min_{u,v} d(c_u, c_v)$. Angenommen $d(c_i, c_j) = 2k$ ist gerade. Dann unterscheiden sich c_i und c_j an genau $2k$ Stellen, etwa bei den Indizes $\ell_1, \ldots, \ell_k$. Setze $a_m = c_{im}$, falls $m \neq \ell_1, \ldots, \ell_k$, und $a_m = c_{jm}$, sonst. Das so konstruierte $a = (a_1, \ldots, a_N)$ erfüllt $a \in S_k(c_i) \cap S_k(c_j)$, so daß $t < k$ gilt. Da $\mathcal{C}$ perfekt ist, existiert c_ℓ mit $a \in S_t(c_\ell)$, d.h. $d(a, c_\ell) < k$. Insgesamt folgt nun $d(c_i, c_\ell) \leq d(c_i, a) + d(a, c_\ell) < 2k$, im Widerspruch zu $d(c_i, c_j) = 2k$.

c) ergibt sich durch Anzahlüberlegungen wie im Beweis von Satz 6.2. ∎

Die Dekodierung von (N, M, d)-Kodes ist im allgemeinen sehr aufwendig. Da über den Abstandsbegriff hinaus keine weitere Struktur vorliegt, muß im wesentlichen in einer großen Tabelle die entsprechende Dekodierung abgefragt werden. Für eine spezielle Klasse von Kodes kann dieses Problem leichter gelöst werden, für lineare Kodes nämlich.

6.2   Lineare Kodes

In diesem Abschnitt wird allgemein vorausgesetzt, daß das Alphabet $\mathcal{X} = \{x_1, \ldots, x_m\}$ mit den Operationen '+' und '·' einen Körper bildet. Im Fall, daß $m = p$ eine Primzahl ist, kann $\mathcal{X}$ mit den Zahlen $\{0, \ldots, m-1\}$ identifiziert werden; '+' und '·' werden dann durch die modulo-p-Arithmetik realisiert. Ist $m = p^\ell$ eine Primzahlpotenz, existieren Operationen '+' und '·', die $\mathcal{X}$ zu einem endlichen Körper machen. Konstruktiv kann man diesen Körper mit Hilfe von Polynomrestklassen bezüglich eines irreduziblen Polynoms bestimmen (s. Anhang).

Beispiel 6.1. Unter den durch die folgenden Tabellen definierten Operationen ist $\mathcal{X} = \{x_0, x_1, x_2, x_3\}$ ein Körper ($m = 4 = 2^2$).

$+$	x_0	x_1	x_2	x_3		$\cdot$	x_0	x_1	x_2	x_3
x_0	x_0	x_1	x_2	x_3		x_0	x_0	x_0	x_0	x_0
x_1	x_1	x_0	x_3	x_2		x_1	x_0	x_1	x_2	x_3
x_2	x_2	x_3	x_0	x_1		x_2	x_0	x_2	x_3	x_1
x_3	x_3	x_2	x_1	x_0		x_3	x_0	x_3	x_1	x_2

x_0 spielt die Rolle des Nullelements in der additiven Gruppe, und x_1 ist das Einselement in der entsprechenden multiplikativen Gruppe ohne x_0. ∎

Bildet $\mathcal{X}$ unter '+' und '$\cdot$' einen endlichen Körper, so ist $\mathcal{X}^N = V_N(m)$ ein Vektorraum der Dimension N über $\mathcal{X}$. Seine Elemente werden dargestellt als Zeilenvektoren über $\mathcal{X}$

$$V_N(m) = \big\{ a = (a_1, \ldots, a_N) \mid a_1, \ldots, a_N \in \mathcal{X} \big\}.$$

Alle nachfolgend durchgeführten arithmetischen Operationen werden bezüglich der entsprechenden Körperarithmetik bzw. Vektorraumarithmetik durchgeführt.

Definition 6.2. *(linearer Kode)*
$C \subseteq V_N(m)$ *heißt linearer Kode, wenn C ein k-dimensionaler Unterraum in $V_N(m)$ ist. Bezeichnung: $[N, k]$-Kode bzw. $[N, k, d]$-Kode, falls $d = d(C)$.*

Ist F ein k-dimensionaler Unterraum in $V_N(m)$, so gilt bekanntlich $|F| = m^k$. Folglich ist jeder $[N, k, d]$-Kode C ein (N, m^k, d)-Kode.

Definition 6.3. *(Generatormatrix)*
Eine $(k \times N)$-Matrix G heißt Generatormatrix des $[N, k]$-Kodes C, wenn die Zeilen von G linear unabhängige Vektoren in C sind, also den Unterraum C aufspannen.

Durch elementare Zeilenumformungen und Permutation der Spalten kann jede Generatormatrix in die folgende Standardform transformiert werden.

$$G = (I_k, A), \text{ wobei } A \text{ eine } \big(k \times (N - k)\big)\text{-Matrix ist.}$$

Elementare Zeilenumformungen lassen sich durch Linksmultiplikation mit einer regulären $(k \times k)$-Matrix T und Spaltenvertauschungen durch Rechtsmultiplikation mit einer Permutationsmatrix Π beschreiben. G_0 sei nun die Generatormatrix eines linearen Kodes C_0 und

$$G = (I_k, A) = TG_0\Pi \tag{6.1}$$

die zugehörige Generatormatrix in Standardform. Mit Hilfe dieser Darstellung sieht man, daß der zu G gehörige Kode C ein linearer Kode ist, dessen Wörter durch Permutation der Komponenten der Wörter von C_0 entstehen. Die Kodes C und C_0 heißen dann äquivalent.

Für $a = (a_1, \ldots, a_N)$ bezeichne $w(a)$ die Anzahl der von Null verschiedenen Komponenten.

$$w(a) = \left|\{a_i \mid a_i \neq 0\}\right| = d(a, 0) \tag{6.2}$$

heißt *Gewicht* von a.

Satz 6.3. *C sei ein linearer $[N, k, d]$-Kode. Dann gilt*

$$d = d(C) = \min\{w(c) \mid c \in C, c \neq 0\}.$$

Beweis. Seien $a, b \in C$ mit $d(a, b) = d = d(C)$. Da C ein linearer Unterraum ist, gilt $a - b \in C$ und $d(a, b) = d(a - b, 0) = w(a - b)$. Also ist $\min\{w(c) \mid c \in C, c \neq 0\} \leq d$.
Angenommen, $\min\{w(c) \mid c \in C, c \neq 0\} < d$. Dann existiert ein $z \in C$, $z \neq 0$ mit $w(z) = d(z, 0) < d$. Dies ist ein Widerspruch, da $o \in C$.   ∎

C sei nun ein $[N, k]$-Kode mit Generatormatrix $G = (I_k, A)$. Jedes k-stellige Wort $(a_1, \ldots, a_k) \in \mathcal{X}^k$ wird bei linearen Kodes durch

$$(c_1, \ldots, c_N) = (a_1, \ldots, a_k)(I_k, A)$$

kodiert. Die $((N - k) \times N)$-Matrix $H = (-A', I_{N-k})$ heißt *Kontrollmatrix* (englisch: parity check matrix). A' bezeichnet hierbei die Transponierte der Matrix A. Die Bedeutung der Kontrollmatrix erklärt sich aus folgendem Zusammenhang.

Lemma 6.2. *Sei $c \in V_N(m)$. Unter obigen Bezeichnungen gilt $c \in C$ genau dann, wenn $cH' = 0$.*

Beweis. Ist $c = (c_1, \ldots, c_N) \in C$, so existiert $(s_1, \ldots, s_k) \in V_k(m)$ mit der Darstellung $(c_1, \ldots, c_N) = (s_1, \ldots, s_k)(I_k, A)$. Es folgt $(c_1, \ldots, c_k) = (s_1, \ldots, s_k)$ und $(c_{k+1}, \ldots, c_N) = (s_1, \ldots, s_k)A = (c_1, \ldots, c_k)A$. Die letzte Gleichung besagt in Matrixform $(c_1, \ldots, c_N) \left(\begin{smallmatrix} - \end{smallmatrix} \right) A$
$I_{N-k} = 0$, also $cH' = 0$.
Gilt umgekehrt $(c_{k+1}, \ldots, c_N) = (c_1, \ldots, c_k)A$, so folgt die Gleichheit $(c_1, \ldots, c_N) = (c_1, \ldots, c_k)(I_k, A)$, also $(c_1, \ldots, c_N) \in C$. ∎

Insgesamt gilt für einen $[N, k]$-Kode C mit Generatormatrix G und Kontrollmatrix H

$$C = \left\{ sG \mid s = (s_1, \ldots, s_k) \in V_k(m) \right\} = \left\{ c \in V_N(m) \mid cH' = 0 \right\}.$$

Dies gibt die Möglichkeit, nachzuprüfen, ob ein empfangenes Wort $b = (b_1, \ldots, b_N)$ ein zulässiges Kodewort aus C ist. Falls $bH' \neq 0$ gilt, ist bei der Übertragung ein Fehler passiert. Andererseits zeigt $bH' = 0$, daß zumindest ein zulässiges Kodewort empfangen wurde. Hieraus erklärt sich der Name Kontrollmatrix für H.

Mit Hilfe der Kontrollmatrix können Aussagen über den Minimalabstand der Kodewörter des zugehörigen linearen Kodes gemacht werden.

Satz 6.4. *$C \subset V_N(m)$ sei ein linearer Kode mit Kontrollmatrix H. Dann gilt $d(C) \geq d$ genau dann, wenn je $d - 1$ Spalten von H linear unabhängig sind. Besitzt H zusätzlich d linear abhängige Spalten, so gilt $d(C) = d$.*

Beweis. (durch Kontraposition) Wenn es $d - 1$ linear abhängige Spalten gibt, existiert $c \in V_N(m) \setminus \{0\}$ mit höchstens $d - 1$ von Null verschiedenen Komponenten, derart daß $cH' = 0$. Wegen Lemma 6.2 gilt $c \in C$, und mit Satz 6.3 folgt $d(C) \leq w(c) \leq d - 1$.
Gilt umgekehrt $1 \leq w(c) \leq d - 1$ für ein $c \in C$, also mit $cH' = 0$, so existieren $d - 1$ linear unabhängige Spalten, da 0 aus höchstens $d - 1$ Spalten nichttrivial linear kombiniert werden kann.
Existieren weiterhin d linear abhängige Spalten, so existiert $c \in V_N(m)$ mit $w(c) \leq d$ und $cH' = 0$. Dann gilt $c \in C$ und $d(C) \leq d$, insgesamt also $d(C) = d$. ∎

Beispiel 6.2. Der binäre lineare Kode C mit Generatormatrix

$$G = \begin{pmatrix} 1 & 0 & 0 & 0 & 1 & 0 & 1 \\ 0 & 1 & 0 & 0 & 1 & 1 & 1 \\ 0 & 0 & 1 & 0 & 1 & 1 & 0 \\ 0 & 0 & 0 & 1 & 0 & 1 & 1 \end{pmatrix}$$

und Kontrollmatrix

$$H = \begin{pmatrix} 1 & 1 & 1 & 0 & 1 & 0 & 0 \\ 0 & 1 & 1 & 1 & 0 & 1 & 0 \\ 1 & 1 & 0 & 1 & 0 & 0 & 1 \end{pmatrix}$$

heißt (7,4)-Hamming-Kode. Allgemein heißt ein linearer Kode C mit Kodewörtern der Länge $N = 2^k - 1$ binärer $(2^k - 1, 2^k - 1 - k)$-Hamming-Kode, wenn die zugehörige Kontrollmatrix H alle von o verschiedenen $2^k - 1$ Vektoren aus $V_k(2)$ als Spalten enthält.
Je 2 Spalten von H sind linear unabhängig, die vierte, sechste und siebte sind jedoch gemeinsam linear abhängig. Nach Lemma 6.4 hat der Kode den Minimalabstand $d(C) = 3$. Wegen Satz 6.1 ist er 1-fehlerkorrigierend. C enthält $M = 2^4$ Kodewörter der Länge 7. Die paarweise disjunkten Kugeln mit Radius 1 um jedes Kodewort enthalten genau $7 + 1 = 2^3$ Kodewörter. Weil $2^7 = 2^4 \cdot 2^3$, ist der Kode perfekt (vgl. auch Lemma 6.1 c)). ∎

Wir kommen nun zur MD-Dekodierung linearer Kodes. Die durch den linearen Unterrraum C definierten Nebenklassen (englisch: cosets) besitzen eine Darstellung $a + C$, $a \in V_N(m)$. $z = a + C$ heißt *Anführer* (englisch: coset leader) der entsprechenden Nebenklasse, wenn das Gewicht $w(z)$ minimal ist für alle Elemente der Nebenklasse.

Lemma 6.3. *C sei ein $[N, k]$-Kode mit Kontrollmatrix H. $x, y \in V_N(m)$ liegen genau dann in derselben Nebenklasse, wenn $xH' = yH'$.*

Beweis. Es gilt $x, y \in a + C$ für ein $a \in V_N(m)$ genau dann, wenn $x - y \in C$, d.h. mit Lemma 6.2 $(x - y)H' = o$. Dies ist äquivalent zu $xH' = yH'$. ∎

Für jede Nebenklasse $a + C$ ist aH' wegen Lemma 6.3 unabhängig von der Wahl des speziellen Repräsentanten. aH' heißt Syndrom der Nebenklasse

$a + \mathcal{C}$. Im folgenden wird angenommen, daß für alle m^{N-k} verschiedenen Nebenklassen ihr Syndrom aH' und ein Anführer z bekannt sind.

MD-Dekodierung für ein empfangenes $y \in V_N(m)$ bedeutet, ein Element $c \in \mathcal{C}$ mit minimaler Hamming-Distanz $d(y, c)$ zu bestimmen. Da $d(y, c) = d(y - c, \mathbf{o}) = w(y - c)$, ist ein $c \in \mathcal{C}$ zu berechnen, für das $w(y - c)$ minimal ist. Offensichtlich gilt

$$\{y - c \mid c \in \mathcal{C}\} = \{y + c \mid c \in \mathcal{C}\} = y + \mathcal{C}.$$

Bei MD-Dekodierung ist also $\min\{w(e) \mid e \in y + \mathcal{C}\}$ zu bestimmen. Eine Lösung hiervon ist durch den Anführer z der Nebenklasse $y + \mathcal{C}$ gegeben.

Dieses Dekodierverfahren wird folgendermaßen realisiert. In einer Tabelle werden die Syndrome und zugehörigen Anführer aller Nebenklassen gespeichert. Bekannt ist ferner die Kontrollmatrix H. Wird nun $y \in V_N(m)$ empfangen, verfährt man in drei Schritten.

1. Berechne yH'. Dies liefert das Syndrom der Restklasse $y + \mathcal{C}$.

2. Bestimme aus der Tabelle zu yH' den Anführer z.

3. Dekodiere y durch $c = y - z$.

Dann ist $c \in \mathcal{C}$ ein Element minimalen Abstands zu $y \in V_N(m)$.

Beispiel 6.3. Sei $m = 2$, $\mathcal{X} = \{0, 1\}$ und $\mathcal{C}$ ein linearer Kode mit Generatormatrix G und Kontrollmatrix H, wobei $k = 2$, $N = 4$,

$$G = \begin{pmatrix} 1 & 0 & 1 & 0 \\ 0 & 1 & 1 & 1 \end{pmatrix} \quad \text{und} \quad H = \begin{pmatrix} 1 & 1 & 1 & 0 \\ 0 & 1 & 0 & 1 \end{pmatrix}.$$

Der zugehörige $[4, 2]$-Kode ist

$$\mathcal{C} = \{(0000), (1010), (0111), (1101)\}.$$

Syndrome und Anführer sind in folgender Tabelle angegeben.

Syndrom	Anführer
(00)	(0000)
(10)	(0010)
(01)	(0001)
(11)	(0100)

Wird zum Beispiel $y = (1111)$ empfangen, so führt $yH' = (10)$ zum Anführer $z = (0010)$. Dekodiert wird also y durch $y - z = (1101)$.

Das MD-Dekodierverfahren ist allerdings nicht notwendig eindeutig. Alternativ ist (1000) in der zweiten Zeile obiger Tabelle ebenfalls Anführer der zugehörigen Restklasse. Dies würde zur gleichwertigen Dekodierung $y - z = (0111)$ führen. ∎

6.3   Faltungskodes und der Viterbi-Algorithmus

Faltungskodes sind als Verallgemeinerung der linearen Blockkodes entstanden. Faltungskodierung ist eine Methode, die nahe am Schaltkreisentwurf entwickelt werden kann und daher in vielen Fällen effizient implementierbar ist. Mit dem Viterbi-Algorithmus steht auf der Seite des Kanaldekodierers ein Verfahren zur Verfügung, mit dem Faltungskodes auch wieder effizient dekodiert werden können.

Im folgenden wird nur das binäre Alphabet $\mathcal{X} = \{0,1\}$ mit der entsprechenden modulo-2-Arithmetik als Körper GF(2) betrachtet. Faltungskodierer kann man durch ihr Schaltdiagramm aus Schieberegistern und modulo-2-Addierern beschreiben. Verarbeitet werden k Eingabebits zu einem Ausgabeblock der Länge N durch sogenannte (k, N)-Faltungskodierer.

Beispiel 6.4. In Abbildung 6.1 wird ein $(1,3)$-Faltungskodierer dargestellt. Jeweils $k = 1$ Eingabebit wird mit der *Rückgrifftiefe* (englisch: constraint length) $\nu = 2$ zu $N = 3$ Ausgabebits kodiert. Bei Eingabe eines Bits u_t zur Zeit $t \in \mathbb{N}$ wird die Ausgabe (a_{1t}, a_{2t}, a_{3t}) erzeugt. Anschließend wird der Registerinhalt u_{t-2} durch u_{t-1} und das Vorgängerregister mit u_t überschrieben. Der Kodierer ist dann zur Eingabe des nächsten Bits bereit. $\oplus$ bedeutet modulo-2-Addition entsprechend der XOR-Verknüpfung.

Zu Beginn des Kodiervorgangs für einen Eingabeblock sind alle Registerinhalte $= 0$. Zum Ende des Blocks werden die Register durch Eingabe von Nullen wieder zurückgesetzt. Kodiert wird zum Beispiel

$$(10011\|00) \mapsto (111|011|001|111|100\|010|001).$$

Die letzten beiden Nullen der Eingabe bewirken das Rücksetzen der Register und verursachen die letzten beiden Ausgabeblöcke. ∎

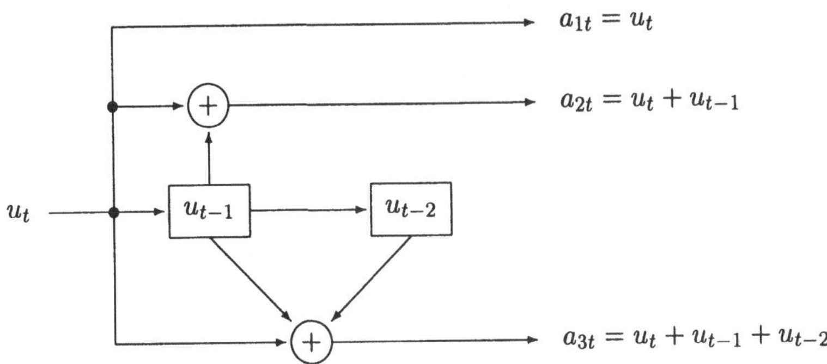

Abb. 6.1 Das Schaltdiagramm eines $(1,3)$-Faltungskodierers.

Beispiel 6.5. In Abbildung 6.2 wird ein $(2,3)$-Faltungskodierer der Rückgrifftiefe $\nu = 1$ dargestellt. Die Bits u_{1t}, u_{2t} werden direkt ausgegeben, a_{3t} spielt die Rolle eines Kontrollbits. ∎

In obigen Beispielen kann die Wirkungsweise der Faltungskodierer durch Matrixmultiplikation beschrieben werden, wobei alle Operationen in der modulo-2-Arithmetik durchgeführt werden. Bei Beispiel 6.4 etwa werden die drei Ausgabebits (a_{1t}, a_{2t}, a_{3t}) zur Zeit t bestimmt durch

$$(a_{1t}, a_{2t}, a_{3t}) = (u_{t-2}, u_{t-1}, u_t) \begin{pmatrix} 0 & 0 & 1 \\ 0 & 1 & 1 \\ 1 & 1 & 1 \end{pmatrix}, \quad t \in \mathbb{N}. \qquad (6.3)$$

Man beachte, daß hierbei die Anfangsregisterinhalte $u_{-1} = u_0 = 0$ gesetzt werden. In Beispiel 6.4 entsteht jede Ausgabesequenz durch Rechtsmultiplikation mit der Matrix

$$G = \begin{pmatrix} 1 & 1 & 1 & 0 & 1 & 1 & 0 & 0 & 1 & & & & \mathbf{0} \\ & & & 1 & 1 & 1 & 0 & 1 & 1 & 0 & 0 & 1 & \\ & & & & & & 1 & 1 & 1 & 0 & 1 & 1 & \\ & & & \mathbf{0} & & & & & & 1 & 1 & 1 & \\ & & & & & & & & & & & & \ddots \end{pmatrix}$$

entsprechender Dimension, wobei die freigelassenen Einträge dieser Matrix alle gleich 0 sind. G heißt *Generatormatrix*.

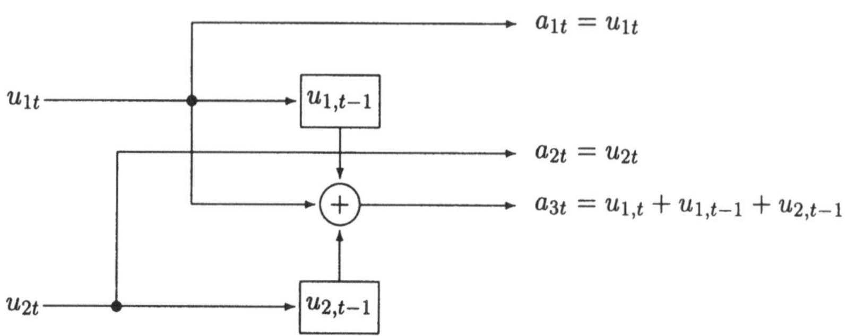

Abb. 6.2 Das Schaltdiagramm eines $(2, 3)$-Faltungskodierers.

Die folgende Darstellung von Faltungskodierern betont den dynamischen Charakter des Systems und legt eine Repräsentation durch Zustandübergangsdiagramme nahe. Aus Gründen der Übersichtlichkeit wird im folgenden nur der Fall $k = 1$ betrachtet. Es bedeuten

$$u_t \in \{0,1\} \qquad \text{das Eingabebit zur Zeit } t,$$
$$s_t \in \{0,1\}^\nu \qquad \text{den Zustand zur Zeit } t,$$
$$a_t \in \{0,1\}^N \qquad \text{die Ausgabe zur Zeit } t.$$

Ferner sind

$$A \in \{0,1\}^{N \times \nu}, \ b \in \{0,1\}^N, \ C \in \{0,1\}^{\nu \times \nu}, \ d \in \{0,1\}^\nu$$

feste binäre Matrizen bzw. Vektoren.

Das Fortschreiten der internen Zustände (der Registerinhalte) und die Ausgabe des Faltungskodierers werden beschrieben durch die folgenden Gleichungen.

$$a_t = A s_{t-1} + u_t\, b \tag{6.4}$$
$$s_t = C s_{t-1} + u_t\, d \tag{6.5}$$

In Beispiel 6.4 ergibt sich konkret, $t \in \mathbb{N}$,

$$a_t = \begin{pmatrix} 0 & 0 \\ 1 & 0 \\ 1 & 1 \end{pmatrix} s_{t-1} + u_t \begin{pmatrix} 1 \\ 1 \\ 1 \end{pmatrix}, \quad s_t = \begin{pmatrix} 0 & 0 \\ 1 & 0 \end{pmatrix} s_{t-1} + u_t \begin{pmatrix} 1 \\ 0 \end{pmatrix}.$$

Auf der Basis dieser Gleichungen können Faltungskodierer durch ihr Zustandsänderungsdiagramm beschrieben werden. Dies ist ein gerichteter Graph, dessen Knoten die Menge der Registerzustände repräsentieren. Die gerichteten Kanten beschreiben den Zustandsübergang bei Eingabebit u_t gemäß Gleichung (6.5). An den Kanten wird die Eingabe u_t und die Ausgabe a_t aus Gleichung (6.5) notiert.

Bei Beispiel 6.4 erhält man den folgenden Graphen.

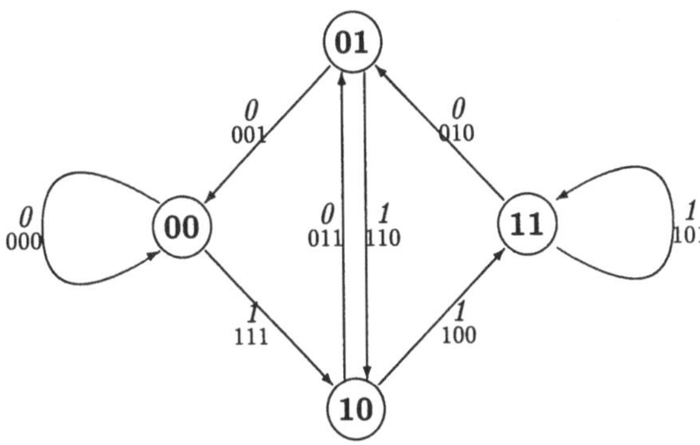

Hiermit läßt sich die Kodierung einzelner Bits genau verfolgen. Ist der Registerzustand etwa $(1,0)$ (entsprechend dem unteren Knoten) und wird eine 1 eingegeben, so geht der interne Zustand in $(1,1)$ über (rechter Knoten) und es wird der Block (100) ausgegeben.

Unbequem ist dieses Diagramm, wenn man das Verhalten bei ganzen Eingabesequenzen verfolgen will. Man muß dann in dem Zustandsänderungsdiagramm umherwandern, Vorgängerzustände und Ausgaben auf dem Weg einer bestimmten Kodierung werden jedoch vergessen, wenn sie nicht separat notiert wurden. Hier hilft die Darstellung mit Hilfe des *Trellis-Diagramms* oder *Spalierdiagramms*.

Dies ist ein gerichteter bipartiter Graph, dessen Knoten die Menge der Registerzustände zur Zeit t und $t+1$ darstellen. Die Kanten beschreiben wie beim Zustandsänderungsdiagramm die internen Zustandsübergänge bei Eingabebit $u_t \in \{0, 1\}$. An den Kanten werden jeweils die Ausgabeblöcke vermerkt. Für den Faltungskodierer aus Beispiel 6.4 ergibt sich der Graph aus Abbildung 6.3. Ein Pfeil nach oben bedeutet Eingabe 0, ein Pfeil nach unten Eingabe 1. Seinen Namen bezieht das Trellis-Diagramm aus der Form des

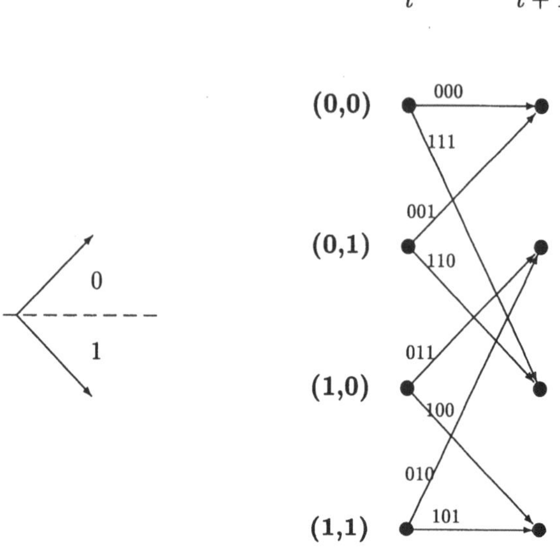

Abb. 6.3   Das Trellis-Diagramm zu Beispiel 6.4

resultierenden Graphen, der einem Spalier ähnelt. (Spalier = trellis im Englischen)

Der zugehörige Kode kann zu einem Kodebaum aufgefaltet werden. Dies ist ein binärer Baum mit einer Verzweigung nach oben bei Eingabe 0 und einer Verzweigung nach unten bei Eingabe 1. An den Kanten sind wieder die Ausgabeblöcke vermerkt. Für obiges Beispiel erhält man den in Abbildung 6.4 dargestellten Baum. Das Eingabewort (10011) wird durch Verfolgen der entsprechenden Kanten zu der Sequenz (111|011|001|111|100) kodiert. MD-Dekodierung in einem Kodebaum ist einfach, aber ineffizient. Auf jeder Stufe berechnet man den Hamming-Abstand des empfangenen Blocks mit allen Blöcken im Kodebaum. An den Knoten werden die aufsummierten Hamming-Distanzen vermerkt. Der in dem Endknoten mit kleinster kumulierter Hamming-Distanz endende Weg repräsentiert das Ergebnis der MD-Dekodierung. In Abbildung 6.4 ist dies für das empfangene Wort (110|011|101|111|110) durchgeführt; dekodiert wird (10011).

Zur Dekodierung von Faltungskodes hat Viterbi 1979 einen effizienten Al-

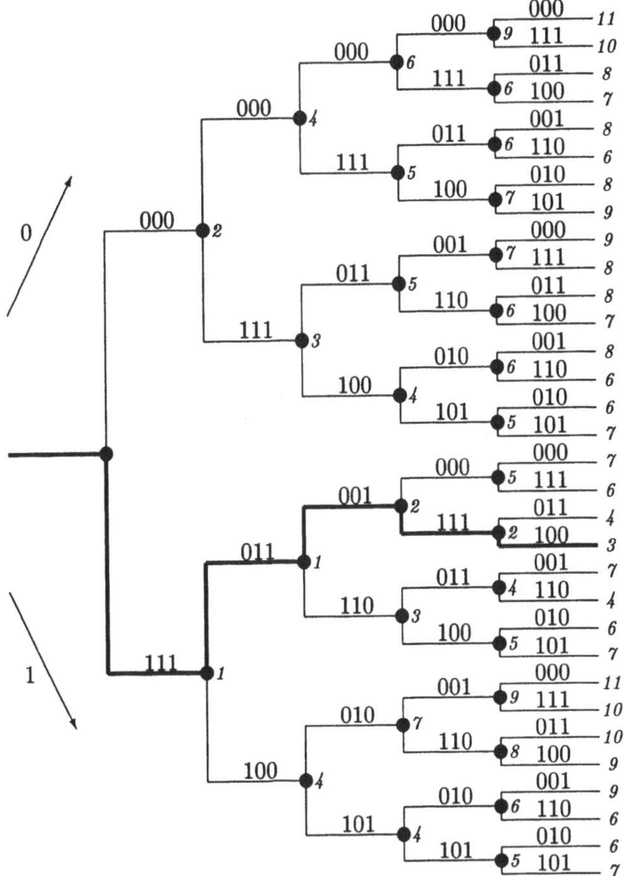

Abb. 6.4 Der binäre Kodebaum zu Beispiel 6.4

gorithmus entworfen. Er basiert auf dem Finden eines kürzesten Weges in einem iterierten Trellis-Diagramm und eignet sich daher allgemein für Kodes, die eine Trellis-Darstellung mit gewichteten Kanten haben.

Den Ausgangspunkt bildet ein binärer diskreter Kanal, bei dem das Wort $b = (b_1, \ldots, b_{NL})$ empfangen wurde. Gesucht wird nun ein zulässiges Kodewort $c = (c_1, \ldots, c_{NL})$ kleinsten Hamming-Abstands zu b. Diese MD-Dekodierung ist bei einem binären symmetrischen Kanal sogar äquivalent zu ML-Dekodierung, wie Satz 5.3 zeigt. Das Dekodierschema beruht 1.) auf einer geschickten Darstellung des Kodierers, 2.) auf der Identifikation des Dekodierungsproblems mit dem Finden eines kürzesten Wegs, und 3.) einem effizienten Algorithmus zur Berechnung des kürzesten Weges. Die einzelnen Stufen werden im folgenden dargestellt.

1.) Darstellung des Kodierers für Nachrichten der Länge L.

• Die Trellisdiagramme der einstufigen Übergänge zu den Zeiten $t = 0, \ldots, L$ werden konkateniert. Die Knoten des entstehenden gerichteten Graphen werden mit $\{0,1\}^{\nu} \times \{0, \ldots L\}$, den Zuständen zur Zeit t, identifiziert.

• Es werden alle Wege weggelassen, die keinen Ursprung im Startzustand $(0, \ldots, 0)$ zur Zeit $t = 0$ haben.

• Jede gerichtete Kante wird mit dem Eingabebit u_t und dem Ausgabeblock a_t markiert, $t = 1, \ldots, L$.

Für den in Beispiel 6.4 eingeführten Faltungskodierer entsteht bei Eingabeblöcken der Länge 5 das in Abbildung 6.5 dargestellte Trellis-Diagramm. Der hierin mit Kreisen markierte Weg entspricht der Bitfolge (10011).

2.) Dekodierung des empfangenen Worts $b = (b_1, \ldots, b_{NL})$.

• Jede Kante des L-stufigen Trellis-Diagramms wird mit der Hamming-Distanz zwischen dem empfangenen Block und dem zugehörigen Ausgabeblock gewichtet.

• Alle Endknoten werden mit einem imaginären Knoten E durch gerichtete Kanten vom Gewicht 0 verbunden.

• Die Aufgabe, ein Kodewort kleinster Hamming-Distanz zu dem empfangenen zu bestimmen, besteht in der Bestimmung eines kürzesten Wegs in dem oben beschriebenen Graphen (im Sinn eines minimalen kumulierten Kantengewichts).

3.) Ein Algorithmus zur Bestimmung eines kürzesten Wegs.

Für alle $t = 1, \ldots, L$ und alle Zustände s:

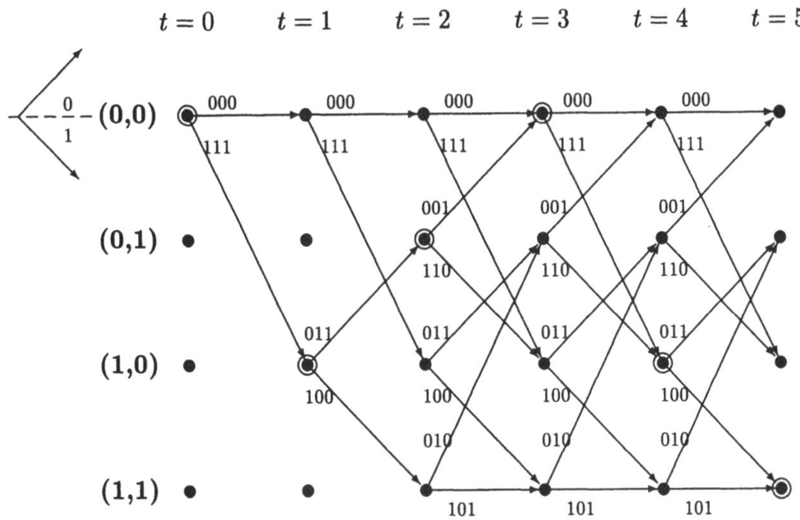

Abb. 6.5 Das 5-stufige Trellis-Diagramm zu Beispiel 6.4

• Bestimme auf der Stufe t die kumulierte Hamming-Distanz über alle eingehenden Wege durch Summation der am Vorgängerknoten notierten minimalen kumulierten Hamming-Distanz der Stufe $t - 1$ mit dem jeweiligen Kantengewicht.

• Notiere das Minimum der ermittelten kumulierten Kantengewichte am jeweiligen Knoten.

• Dekodiere auf dem Weg, der für $t = L$ minimale kumulierte Hammingdistanz hat.

Dies ist gerade der Algorithmus von Dijkstra für den speziellen Fall der Trellis-Diagramme.

In Abbildung 6.6 wird dieses Verfahren für den Faltungskodierer aus Beispiel 6.4 dargestellt. Empfangen wurde das Wort $b = (110|011|101|111|110)$, dekodiert wird (10011). Es ist also anzunehmen, daß in b das 3., 7. und 14. Bit gekippt waren. Die in Klammern an den Knoten notierten Werte sind die nicht minimalen kumulierten Kantengewichte. Das minimale Gewicht steht über dem Knoten, wenn es zu einer von oben einlaufenden Kante gehört, ansonsten unter dem Knoten.

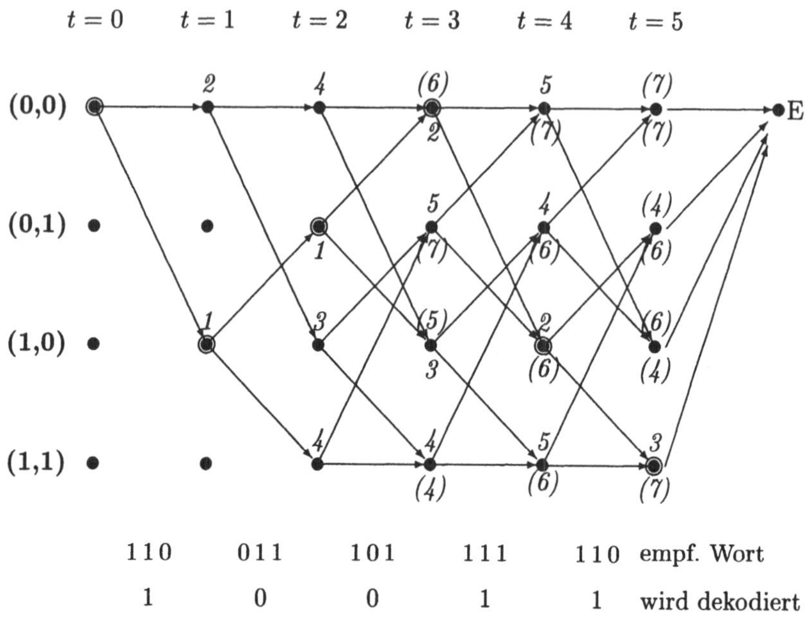

Abb. 6.6 Kumulierte Hamming-Distanzen und Dekodierung im 5-stufigen Trellis-Diagramm zu Beispiel 6.4

Der durch obigen Algorithmus bestimmte Weg ist minimal, da nicht betrachtete Wege schon bei Zwischenknoten größeres Gewicht hatten. Dieses Vorgehen ist ein Grundprinzip der dynamische Optimierung. Es läßt sich anschaulich an folgendem Beispiel begreifen. Ist von zwei Wegen von Aachen nach München über Stuttgart der erste schon in Stuttgart der längere, kann dieser insgesamt nicht der kürzeste sein, und man kann ihn schon in Stuttgart ausscheiden.

Allgemeine ML-Dekodierung bei beliebigen binären, diskreten gedächtnislosen Kanälen kann nach demselben Prinzip durchgeführt werden. Ist $b = (b_1, \ldots, b_{NL})$ das empfangene Kodewort, so stellt sich die Aufgabe

$$\text{maximiere} \prod_{i=1}^{NL} p_1(b_i | c_i)$$

über alle zulässigen Kodewörter $(c_1, \ldots, c_{NL})$. Dies ist äquivalent zu

$$\text{minimiere } \sum_{i=1}^{NL} \left(-\ln p_1(b_i|c_i) \right) \tag{6.6}$$

über alle zulässigen Kodewörter $(c_1, \ldots, c_{NL})$. Um eine Lösung von (6.6) zu bestimmen, sind in obigem Trellis-Diagramm lediglich die Kantengewichte zu verändern. Die Kanten von $t = \ell$ nach $t = \ell + 1$ erhalten die Gewichte

$$-\sum_{j=1}^{N} \ln p_1(b_{\ell N+j}|c_{\ell N+j}).$$

Der Algorithmus selbst bleibt unverändert und liefert eine Maximum-Likelihood-Dekodierung des empfangenen Worts b.

6.4 Übungsaufgaben

Aufgabe 6.1. C_1 sei ein (N, M_1, d_1)-Kode und C_2 sei ein (N, M_2, d_2)-Kode über dem Alphabet $\mathcal{X}$. Der Kode C_3 sei definiert durch

$$C_3 = \{(a, a+b) \mid a \in C_1, b \in C_2\}.$$

Zeigen Sie, daß C_3 ein $(2N, M_1 M_2, d_3)$-Kode ist mit $d_3 = \min\{2\,d_1, d_2\}$.

Aufgabe 6.2. Zeigen Sie, daß $A_m(N, d) \leq m^{N-d+1}$. Die Bezeichnungen sind hierbei wie in Satz 6.2 gewählt.

Aufgabe 6.3. $C \subseteq V_N(m)$ sei ein linearer Kode. Der Kode C' entstehe aus C, indem das letzte Symbol jedes Kodeworts aus C gestrichen wird. Zeigen Sie, daß $C' \subseteq V_{N-1}(m)$ auch ein linearer Kode ist. C' heißt gestutzter Kode (englisch: truncated).

Aufgabe 6.4. Man zeige, daß $G = (I_{10}, B')$ mit

$$B = \begin{pmatrix} 0 & 0 & 2 & 2 & 2 & 2 & 2 & 2 & 2 & 2 \\ 2 & 2 & 0 & 0 & 2 & 2 & 2 & 1 & 1 & 1 \\ 2 & 1 & 2 & 1 & 0 & 2 & 1 & 0 & 2 & 1 \end{pmatrix}$$

die Generatormatrix eines perfekten linearen Kodes C über GF(3) mit $d(C) = 3$ ist.

Aufgabe 6.5. Beim Fußballtoto bedeutet 0 "unentschieden", 1 "Heimsieg" und 2 "Heimniederlage". Wieviel Tipreihen aus 13-mal 0, 1 oder 2 müssen Sie abgeben, um bei 13 Spielen garantiert einmal mindestens 12 Richtige zu haben. Beschreiben Sie die Tips durch die Kontrollmatrix eines linearen Kodes.

Hinweis: Aufgabe 6.4

Aufgabe 6.6. Man benutze den $(7,4)$-Hamming-Kode aus Beispiel 6.2 zum Kodieren der Wörter (1100), (1010), (1001), (0110), (0101), (0011).
Man dekodiere die empfangenen Wörter (1000000), (0001000), (0000001) und (1111111).

Aufgabe 6.7. Zeigen Sie, daß für $k \geq 2$ jeder binäre $(2^k - 1, 2^k - 1 - k)$-Hamming-Kode $\mathcal{C}$ perfekt ist und $d(\mathcal{C}) = 3$ erfüllt.

Aufgabe 6.8. Man betrachte den Faltungskodierer, dessen Funktion wie in (6.3) durch die Matrix $\begin{pmatrix} 1 & 1 & 1 \\ 1 & 1 & 1 \\ 1 & 0 & 1 \end{pmatrix}$ beschrieben wird. Skizzieren Sie ein zugehöriges Schaltdiagramm. Dekodieren Sie das empfangene Wort $(000\,110\,110\,110\,001)$ mit Hilfe des Viterbi-Algorithmus.

Aufgabe 6.9. Bestimmen Sie einen binären Faltungskodierer, der ein Wort unendlicher Länge $u = (u_1, u_2, \ldots)$ mit unendlichem Gewicht $w(u) = \infty$ in ein Kodewort $a = (a_1, a_2, \ldots)$ mit endlichem Gewicht $w(a) < \infty$ kodiert. w bedeutet hierbei die Hamming-Distanz aus (6.2). Faltungskodierer mit dieser Eigenschaft heißen katastrophal.

Aufgabe 6.10. $a(u)$ bezeichne das durch einen Faltungskodierer erzeugte Ausgabewort $a \in \{0,1\}^\infty$ bei Eingabe eines unendlichen Worts $u = (u_1, u_2, \ldots)$. Zur Beurteilung der Güte eines Faltungskodierers wird der mit Hilfe des Hamming-Gewichts (6.2) durch

$$d_{\text{free}} = \min \left\{ w\big(a(u_1) + a(u_2)\big) \mid u_1 \neq u_2 \in \{0,1\}^\infty \right\}$$

definierte freie Abstand herangezogen.
Zeigen Sie, daß $d_{\text{free}} = \min \left\{ w\big(a(u)\big) \mid u \in \{0,1\}^\infty, u \neq o \right\}$. Man bestimme d_{free} für den Faltungskodierer aus Beispiel 6.4.

7 Anhang: endliche Körper

Endliche Körper und Vektorräume sind ein zentrales Hilfsmittel zur Konstruktion linearer Kodes in Kapitel 6.2. Die grundlegenden Begriffe aus der Theorie endlicher Körper werden in einem kurzen Überblick zusammengestellt.

Definition 7.1. *Eine Menge $\mathcal{K}$ mit $|\mathcal{K}| \geq 2$, die unter den Operationen '+' und '·' abgeschlossen ist (d.h. $a + b \in \mathcal{K}$ und $a \cdot b \in \mathcal{K}$ für alle $a, b \in \mathcal{K}$), heißt* Körper *(englisch: field), wenn die folgenden Bedingungen erfüllt sind.*

1) *$\mathcal{K}$ ist bezüglich $+$ eine abelsche Gruppe $\big($d.h. es existiert ein neutrales Element 0 und inverse Elemente, es gilt das Assoziativgesetz $(a+b)+c = a + (b + c)$ für alle $a, b, c \in \mathcal{K}$ und Kommutativität $a + b = b + a$ für alle $a, b \in \mathcal{K}\big)$.*

2) *$\mathcal{K} \setminus \{0\}$ ist bezüglich $\cdot$ eine abelsche Gruppe mit neutralem Element 1.*

3) *Es gilt das Distributivgesetz $(a + b) \cdot c = a \cdot c + b \cdot c$ für alle $a, b, c \in \mathcal{K}$.*

Aus obigen Axiomen leiten sich die üblichen Rechenregeln wie beim Umgang mit reellen Zahlen her. Bei der Konstruktion von Kodes liegt das Hauptinteresse auf dem Fall, daß $\mathcal{K}$ endlich ist. $\mathcal{K}$ heißt dann endlicher Körper oder Galois-Feld der Ordnung m, wenn $|\mathcal{K}| = m$, kurz: $\mathrm{GF}(m)$.

Bekannte Beispiele für endliche Körper sind die Restklassenkörper $\mathbb{Z}_p$ in den ganzen Zahlen, wenn $m = p$ eine Primzahl ist. Addition und Multiplikation werden durch den Rest bei Division durch p erklärt, also $a + b = a + b \bmod p$ und $a \cdot b = a \cdot b \bmod p$, wobei der Bequemlichkeit halber für '+' und '·' auf beiden Seiten dieselben Symbole verwendet werden. Auf der rechten Seite ist die übliche Addition und Multiplikation in den ganzen Zahlen gemeint. $\mathrm{GF}(2)$ zum Beispiel hat die Rechenregeln $0+0 = 1+1 = 0$, $0+1 = 1+0 = 1$, $0 \cdot 0 = 0 \cdot 1 = 1 \cdot 0 = 0$ und $1 \cdot 1 = 1$.

Die Frage ist nun, zu welchen m es überhaupt endliche Körper gibt und wie diese konstruiert werden. Hierbei helfen Polynome.

Definition 7.2. *Ein Ausdruck der Form* $a(D) = a_n D^n + a_{n-1} D^{n-1} + \cdots + a_1 D + a_0$ *mit* $a_0, a_1, \ldots a_n \in \mathrm{GF}(m)$, $a_n \neq 0$, *heißt Polynom vom Grad* n *über* $\mathrm{GF}(m)$.

Das Symbol D in Definition 7.2 ist nicht als Variable im Sinn einer Darstellung des Polynoms als Funktion zu betrachten. Im folgenden interessiert lediglich die Menge der Polynome als algebraische Objekte, für die Addition und Multiplikation im weiteren erklärt werden. Hierzu ist es bequem, ein Polynom $a(D)$ vom Grad n als $a(D) = \sum_{i=0}^{\infty} a_i D^i$ zu schreiben, wobei die Koeffizienten $a_{n+1} = a_{n+2} = \cdots = 0$ gesetzt werden. Der Grad eines Polynoms ist dann der größte Index der von Null verschiedenen Koeffizienten. Summe und Produkt von Polynomen $a(D) = \sum_{i=0}^{\infty} a_i D^i$ und $\sum_{i=0}^{\infty} b_i D^i$ werden nun definiert als

$$a(D) + b(D) \quad = \sum_{i=0}^{\infty} (a_i + b_i) D^i,$$
$$a(D) \cdot b(D) = \sum_{i=0}^{\infty} \left(\sum_{j=0}^{i} a_i b_{j-i} \right) D^i.$$

Über $\mathrm{GF}(2)$ gilt zum Beispiel

$$(D^3 + D^2 + D + 1) + (D^2 + 1) \quad = D^3 + D,$$
$$(D^3 + D^2 + D + 1) \cdot (D^2 + 1) = D^5 + D^4 + D + 1.$$

Nimmt man noch das Polynom vom Grad 0, das alle Koeffizienten $a_n = 0$ hat, als neutrales Element hinzu, so kann leicht überprüft werden, daß die Menge der Polynome über $\mathrm{GF}(m)$ bezüglich $+$ eine abelsche Gruppe bildet. Außerdem ist die Multiplikation kommutativ, assoziativ und distributiv mit der Addition. Allerdings fehlen im allgemeinen die Inversen bezüglich der Multiplikation, so daß kein Körper gemäß Definition 7.1 vorliegt.

Für je zwei Polynome $a(D)$ und $b(D)$ existieren nach dem Euklidischen Algorithmus eindeutige Polynome $c(D)$ und $r(D)$ mit Grad $r(D) \leq$ Grad $b(D)$, derart daß

$$a(D) = b(D) \cdot c(D) + r(D).$$

$r(D)$ heißt Rest bei Division von $a(D)$ durch $b(D)$. Er wird in Analogie zum Modulo-Operator der Division in $\mathbb{Z}$ mit

$$r(D) = a(D) \mod b(D)$$

bezeichnet.

$c(D)$ und $r(D)$ können mit dem üblichen Divisionsalgorithmus berechnet werden. Zum Beispiel gilt über GF(2) für $a(D) = D^5 + D^4 + D^2 + 1$ und $b(D) = D^2 + 1$, daß

$$(D^5 + D^4 + D^2 + 1) \quad : \quad (D^2 + 1) \quad = \quad (D^3 + D^2 + D).$$

$$\frac{D^5 + D^3}{}$$
$$\frac{D^4 + D^3}{D^4 + D^2}$$
$$\frac{D^3}{D^3 + D}$$
$$D + 1$$

Es folgt also $(D^5 + D^4 + D^2 + 1) = (D^2 + 1) \cdot (D^3 + D^2 + D) + (D + 1)$ mit $c(D) = D^3 + D^2 + D$ und $r(D) = D + 1$.

Man sagt, das Polynom $b(D)$ *teilt* $a(D)$, wenn ein Polynom $c(D)$ existiert mit $a(D) = b(D) \cdot c(D)$. Ein Polynom heißt *irreduzibel*, wenn keine Polynome $b(D)$ und $c(D)$ vom Grad größer gleich 1 existieren mit $a(D) = b(D) \cdot c(D)$.

Der Grad einer Summe von Polynomen ist kleiner oder gleich dem Maximum der Grade der Summanden. Der Grad eines Produkts kann jedoch größer sein als dieses Maximum. Damit ist die Menge der Polynome vom Grad kleiner oder gleich n nicht abgeschlossen bezüglich der Multiplikation. Die folgende Polynommultiplikation garantiert die Abgeschlossenheit; außerdem sind unter ihr die Körperaxiome erfüllt.

Satz 7.1. *Sei $q(D)$ ein irreduzibles Polynom vom Grad n über GF(M). Die Menge der Polynome vom Grad kleiner oder gleich $n-1$ über GF(m) bildet unter Polynomaddition und der Multiplikation $*$, definiert durch*

$$a(D) * b(D) = a(D) \cdot b(D) \ \mathrm{mod} \ q(D),$$

einen Körper.

Die Menge der Polynome vom Grad kleiner gleich $n-1$ über GF(M) enthält offensichtlich m^n Elemente. Ist $m = p$ eine Primzahl, kann mit Satz 7.1 ein Körper GF(p^n) der Mächtigkeit p^n als Polynomreste über $\mathbb{Z}_p$ konstruiert werden. Dies sind bis auf Isomorphie auch die einzigen endlichen Körper. Es kann gezeigt werden, daß endliche Körper der Mächtigkeit m nur dann existieren, wenn $m = p^n$ eine Primzahlpotenz ist, und daß endliche Körper gleicher Mächtigkeit bis auf Umnumerierung der Elemente übereinstimmen.

Beispiel 7.1. Die Polynome vom Grad ≤ 2 über GF(2) sind

$$\{a_0, a_1, \ldots, a_7\} = \{0, 1, D, D+1, D^2, D^2+1, D^2+D, D^2+D+1\}.$$

$D^3 + D + 1$ ist ein irreduzibles Polynom über GF(2). Addition und Multiplikation in GF(8) werden gemäß Satz 7.1 durch die folgenden Tafeln definiert.

$+$	a_0	a_1	a_2	a_3	a_4	a_5	a_6	a_7
a_0	a_0	a_1	a_2	a_3	a_4	a_5	a_6	a_7
a_1	a_1	a_0	a_3	a_2	a_5	a_4	a_7	a_6
a_2	a_2	a_3	a_0	a_1	a_6	a_7	a_4	a_5
a_3	a_3	a_2	a_1	a_0	a_7	a_6	a_5	a_4
a_4	a_4	a_5	a_6	a_7	a_0	a_1	a_2	a_3
a_5	a_5	a_4	a_7	a_6	a_1	a_0	a_3	a_2
a_6	a_6	a_7	a_4	a_5	a_2	a_3	a_0	a_1
a_7	a_7	a_6	a_5	a_4	a_3	a_2	a_1	a_0

$\cdot$	a_0	a_1	a_2	a_3	a_4	a_5	a_6	a_7
a_0	a_0	a_0	a_0	a_0	a_0	a_0	a_0	a_0
a_1	a_0	a_1	a_2	a_3	a_4	a_5	a_6	a_7
a_2	a_0	a_2	a_4	a_6	a_3	a_1	a_7	a_5
a_3	a_0	a_3	a_6	a_5	a_7	a_4	a_1	a_2
a_4	a_0	a_4	a_3	a_7	a_6	a_2	a_5	a_1
a_5	a_0	a_5	a_1	a_4	a_2	a_7	a_3	a_6
a_6	a_0	a_6	a_7	a_1	a_5	a_3	a_2	a_4
a_7	a_0	a_7	a_5	a_2	a_1	a_6	a_4	a_3

■

Literaturverzeichnis

[1] N. Abramson. *Information Theory and Coding*. McGraw-Hill, New York, 1963.

[2] J.B. Anderson and S. Mohan. *Source and Channel Coding*. Kluwer Academic Publishers, Boston, 1991.

[3] R. Ash. *Information Theory*. Interscience Publishers (Wiley) und Dover Publications (corrected republication 1990), New York, 1965.

[4] P. Billingsley. *Ergodic Theory and Information*. Wiley, New York, 1965.

[5] R.E. Blahut. *Principles and Practice of Information Theory*. Addison-Wesley, Reading, Mass., 1987.

[6] K.W. Cattermole. *Statistische Analyse und Struktur von Information*. VCH Verlagsgesellschaft, Weinheim, 1990.

[7] G.J. Chaitin. *Algorithmic Information Theory*. Cambridge University Press, Cambridge, 1990.

[8] T.M. Cover and J.A. Thomas. *Elements of Information Theory*. Wiley, New York, 1991.

[9] I. Csizár and J. Körner. *Coding Theorems for Discrete Memoryless Systems*. Academic Press, New York, 1981.

[10] R.G. Gallagher. *Information Theory and Reliable Communication*. Wiley, New-York, 1968.

[11] C.M. Goldie and R.G. Pinch. *Communication Theory*. Cambridge University Press, Cambridge, 1991.

[12] T. Grams. *Codierungsverfahren*. BI-Verlag, Mannheim, 1986.

[13] R.M. Gray. *Entropy and Information Theory*. Springer, New York, 1990.

[14] H. Grell. *Arbeiten zur Informationstheorie, Bd I-IV*. VEB-Verlag, Berlin, 1960-1963.

[15] S. Guiasu. *Information Theory with Applications.* McGraw-Hill, New-York, 1977.

[16] R.W. Hamming. *Coding and Information Theory.* Prentice-Hall, Englewood Cliffs, 1980.

[17] W. Heise and P. Quattrocchi. *Informations- und Codierungstheorie.* Springer-Verlag, Berlin, 1983.

[18] E. Henze and H.H. Homuth. *Einführung in die Informationtheorie.* Vieweg, Braunschweig, 1974.

[19] R. Hill. *A First Course in Coding Theory.* Clarendon Press, Oxford, 1986.

[20] A.M. Jaglom and I.M. Jaglom. *Wahrscheinlichkeit und Information.* Verlag Harri Deutsch, Thun, 1984.

[21] T. Kameda and K. Weihrauch. *Einführung in die Codierungstheorie.* BI-Verlag, Mannheim, 1973.

[22] S. Kullback, J.C. Keegel, and J.H. Kullback. *Topics in Statistical Information Theory.* Springer-Verlag, Berlin, 1987.

[23] A.W. Marshall and I.Olkin. *Inequalities: Theory of Majorization and its Applications.* Academic Press, New York, 1979.

[24] R. Mathar and D. Pfeifer. *Stochastik für Informatiker.* Teubner-Verlag, Stuttgart, 1990.

[25] K. Mehlhorn. *Datenstrukturen und effiziente Algorithmen.* Teubner-Verlag, Stuttgart, 1988.

[26] O. Mildenberger. *Informationstheorie und Codierung.* Vieweg-Verlag, Wiesbaden, 1992.

[27] G. Raisbeck. *Informationstheorie – Eine Einführung für Naturwissenschaftler und Ingenieure.* Oldenbourg-Verlag, München, 1970.

[28] A. Renyi. *Wahrscheinlichkeitsrechnung mit einem Anhang über Informationstheorie.* VEB-Verlag, Berlin, 1979.

[29] F.M. Reza. *An Introduction to Information Theory.* McGraw-Hill, New York, 1961.

[30] S. Roman. *Coding and Information Theory.* Springer-Verlag, New York, 1992.

[31] E. Schultze. *Einführung in die mathematischen Grundlagen der Informationstheorie.* Springer, Berlin, 1969.

[32] R.H. Schulz. *Codierungstheorie, eine Einführung.* Vieweg-Verlag, Braunschweig, 1991.

[33] C.E. Shannon. A mathematical theory of communication. *The Bell System Technical Journal,* 27:379–423, 623–656, 1948.

[34] C.E. Shannon and W. Weaver. *The Mathematical Theory of Communication.* University of Illinois Press, Urbana, 1962.

[35] F. Topsøe. *Informationstheorie.* Teubner, Stuttgart, 1974.

[36] D. Welsh. *Codes and Cryptography.* Oxford University Press, Oxford, 1989.

[37] I. Wolfowitz. *Coding Theorems of Information Theory.* Springer-Verlag, Berlin, 1961.

[38] P.M. Woodward. *Probability and Information Theory with Applications to Radar.* McGraw-Hill, New York, 1953.

Sachverzeichnis

Mathar/Pfeifer
Stochastik für Informatiker

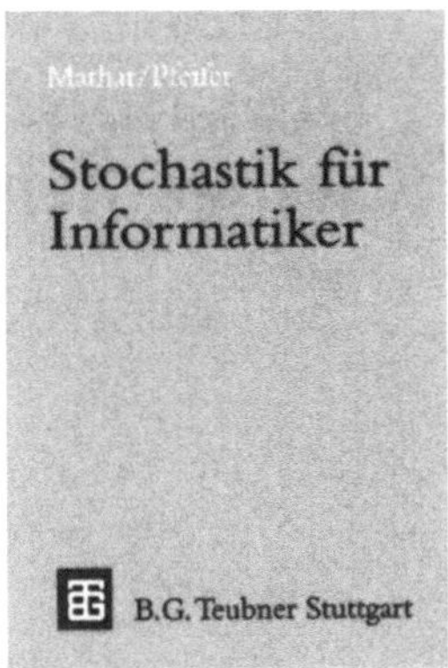

Stochastische Modelle und Methoden gewinnen bei Bild-, Sprach- und Mustererkennung, im CAD (Bézier-Kurven und Flächen), bei probabilistischen Suchalgorithmen (Simulated Annealing) oder im Bereich der künstlichen Intelligenz (Expertensysteme, Neuronale Netze) zunehmend an Bedeutung. Die hier modellierten Strukturen sind in der Regel hochkomplex und erfordern häufig den Einsatz tiefliegender mathematischer Methoden, die üblicherweise nicht in den einführenden Vorlesungen vermittelt werden. Ziel des vorliegenden Buches ist es, die zum Verständnis solcher Strukturen benötigten Grundlagen und Hilfsmittel bereitzustellen und gleichzeitig typische Beispiele aus den genannten Bereichen der Informatik zu behandeln, welche den Nutzen stochastischer Methoden für diese Gebiete zeigen. Entsprechend wird ein mathematisch exakter, aber doch anwendungsorientierter Zugang zu wahrscheinlichkeitstheoretischen Modellen gewählt, die von einfachen kombinatorischen Überlegungen bis zu stochastischen Prozessen reichen. Zum Verständnis des Buches reichen mathematische Grundvorlesungen der ersten drei Studiensemester aus.

Aus dem Inhalt: σ-Algebren, und Wahrscheinlichkeitsmaße, elementare Kombinatorik, Spezielle Verteilungen, Erwartungswert und Varianz, erzeugende Funktionen, Grenzwertsätze, Bézier-Kurven- und -Flächen, einfache Such- und Sortierverfahren, Bedingte Verteilungen, Markoff-Ketten, Simulated Annealing, Markoff-Prozesse, Punktprozesse – Beispiele: Expertensystem,

Von Prof. Dr.
Rudolf Mathar
Technische Hochschule
Aachen und
Prof. Dr.
Dietmar Pfeifer
Universität Oldenburg

1990. VIII, 359 Seiten.
16,2 x 22,9 cm.
Kart. DM 49,80,
ÖS 364,–, sFr 45,–
ISBN 3-519-02240-0

(Leitfäden und Monographien der Informatik)

Rechnernetzwerk, fehlertolerante Speicherbausteine, Computertomographie; Probabilistische Analyse von Algorithmen, Markoff-Modelle für Algorithmen, Information und Entropie, optimale Kodierung, binäre Suchbäume – Simulationsverfahren: zufällige Zahlenfolgen, Erzeugung von Zufallszahlen und Zufallsvektoren, Testen von Zufallszahlen, spezielle Transformationsverfahren, Simulation Stochastischer Prozesse.

B.G. Teubner Stuttgart · Leipzig

TEUBNER-TASCHENBUCH der Mathematik

Das vorliegende „TEUBNER-TASCHEN-BUCH der Mathematik" ersetzt den bisherigen Band – Bronstein/Semendjajew, Taschenbuch der Mathematik –, der mit 25. Auflagen und mehr als 800.000 verkauften Exemplaren bei B. G. Teubner erschien.

In den letzten Jahren hat sich die Mathematik außerordentlich stürmisch entwikkelt. Eine wesentliche Rolle spielt dabei der Einsatz immer leistungsfähigerer Computer. Ferner stellen die komplizierten Probleme der modernen Hochtechnologie an Ingenieure und Naturwissenschaftler sehr hohe mathematische Anforderungen.

Diesen aktuellen Entwicklungen trägt das „TEUBNER-TASCHENBUCH der Mathematik" umfassend Rechnung. Es vermittelt ein lebendiges und modernes Bild der heutigen Mathematik und erfüllt aktuell, umfassend und kompakt die Erwartungen, die an ein Nachschlagewerk für Ingenieure, Naturwissenschaftler, Informatiker und Mathematiker gestellt werden. Im Studium ist das „TEUBNER-TASCHENBUCH der Mathematik" ein Handbuch, das Studierende vom ersten Semester an begleitet; im Berufsleben wird es dem Praktiker ein unentbehrliches Nachschlagewerk sein.

Aus dem Inhalt

Wichtige Formeln, graphische Darstellungen und Tabellen – Analysis – Algebra – Geometrie – Grundlagen der Mathematik – Variationsrechnung und Optimierung – Stochastik – Numerik

Begründet von
I. N. Bronstein und
K. A. Semendjajew
Weitergeführt von
G. Grosche, **V. Ziegler**
und **D. Ziegler**

Herausgegeben von
Prof. Dr. **Eberhard Zeidler**
Leipzig

1996. XXV, 1298 Seiten.
14,5 x 20,5 cm.
Geb. DM 48,–
ÖS 350,– / SFr 43,–
ISBN 3-8154-2001-6

B. G. Teubner Stuttgart · Leipzig